INSTITUTIONAL FOODSERVICE ADMINISTRATION

급식경영 제3판

머리말

'급식경영' 교재를 처음 발간한 후 10년의 세월이 흘렀습니다. 많이 부족한 줄 알면서도 세상에 내놓으며 시간과 함께 개선해 나가리라 생각했는데, 여전히 부족한 원고로 제3개정판을 내게 되었습니다.

본 교재는 식품영양학을 전공하는 대학생들이 미래의 급식경영자로 알아야 할 지식들을 담고 있습니다. 단체급식 교과목의 교재에서 다루는 급식소의 '생산 및 운영 관리'에 관한 내용을 제외하고, 급식소의 내부고객관리, 즉 '인적자원관리'와 외부고객관리, 즉 '마케팅관리'를 주요 내용으로 담았습니다.

본 교재는 총 4부, 12장으로 구성되었습니다. 먼저 제1부 '급식경영의 개요'는 "급식경영이란 무엇인가?"라는 질문에 대한 답으로 구성되어 있습니다. 제2부와 3부는 '급식소 내부고객관리'와 '급식소 외부고객관리'라는 제목으로 급식소의 인적자원관리와 마케팅관리에 대한 주요 이론을 설명합니다. 제4부는 급식경영에 대한 지식의 응용이 가능한 외식 분야와 식품유통 분야에 대한 소개를 '급식경영의 확장'이라는 제목 아래 다루었습니다.

이 한 권의 책을 만들기 위해 정성을 다해 주신 파워북의 직원 여러분께 감사드립니다. 마지막으로 이 책을 교재로 선택해 주신 식품영양학과의 교수님들과 학생들에게 진심으로 고마움을 전하고 싶습니다. 감사합니다.

2018년 2월
저자 일동

차례

PART 1

급식경영의 개요

제1부는 급식경영을 이해하기 위한 기초적인 내용을 포함하고 있다. 제1장 '급식의 기초'에서는 급식의 개념을 설명하고, 그 역할과 의의 및 특성을 논의하였다. 제2장 '급식경영의 기초'에서는 급식경영의 개념을 설명하고, 급식경영의 주체, 대상, 내용인 급식경영자, 급식조직, 급식관리에 대한 기초적인 내용을 다루었다. 제3장 '급식산업'에서는 급식산업의 범위와 현황을 살펴본 후, 급식산업을 구성하는 다양한 급식 분야의 기본적인 현황을 소개하였다.

CHAPTER 1

급식의 기초

1. 급식의 개념 | 2. 급식의 역할과 의의 | 3. 급식의 특성

CHAPTER 1

급식경영을 제대로 학습하기 위해서 '급식'의 개념과 특성에 대한 이해가 선행되어야 한다. 이에 본 장에서는 급식이라는 용어의 개념을 유사 용어들과의 관계 속에서 설명하였다. 이어서 본 장에서는 급식이 현대사회에서 갖는 역할과 의의를 논하고, 급식이 갖는 행위 및 상품 차원의 특성을 기술하였다.

1. 급식의 개념

1) 급식의 정의

급식給食 institutional foodservice이란 "학교, 병원, 산업체, 사회복지시설, 군대 등의 조직에서 조직 본연의 목적 달성을 지원하기 위한 부가 서비스로 식사를 제공하는 조직적 행위" 또는 "학교, 병원, 산업체, 사회복지시설, 군대 등의 조직에서 조직 본연의 목적 달성을 지원하기 위한 부가 서비스로 제공되는 식사"로 정의된다. 일반적으로 단체급식과 동의어로 혼용되어 사용된다.

급식(給食)

- 단체급식과 동의어
- 행위로서 '급식'의 정의 : 학교, 병원, 산업체, 사회복지시설, 군대 등의 조직에서 조직 본연의 목적 달성을 지원하기 위한 부가 서비스로 식사를 제공하는 조직적 행위
- 행위의 대상 또는 결과물로서 '급식'의 정의 : 학교, 병원, 산업체, 사회복지시설, 군대 등의 조직에서 조직 본연의 목적 달성을 지원하기 위한 부가 서비스로 제공되는 식사

일반적으로 급식 또는 단체급식을 "학교, 병원, 산업체, 사회복지시설, 군대 등의 조직에서 영리를 목적으로 하지 않고, 특정 다수인을 대상으로 지속적으로 식사를 공급하는 것"으로 정의하기도 하는데, 이러한 급식의 정의는 다음과 같은 한계점을 갖는다.

첫째, 정의의 '포괄성comprehensiveness'에 결함이 있다. 즉, 위탁급식과 같이 영리를 추구하는 경우에는 급식의 범주에 포함시킬 수 없는 한계를 가진다.

둘째, 정의의 '명확성clarity'에 결함이 있다. 다시 말하면, 특정 다수라는 용어에서 특정과 다수의 의미가 불명확하기 때문에 정의에 포함되는 것과 포함되지 않는 것의 경계가 모호해진다. 특히, 다수의 의미를 몇 명으로 제시할 것인지가 불명확하다. 일반적으로는 50인 또는 100인을 다수의 기준으로 보기도 하는데, 이러한 정의에 의한다면 지역아동센터에서처럼 20명 내외의 어린이들에게 식사를 제공하는 것

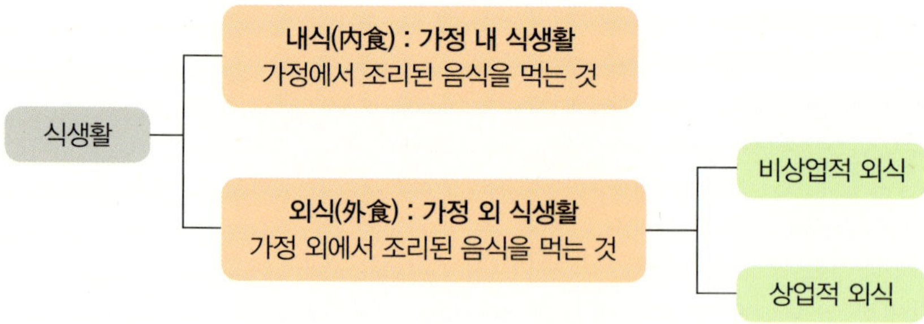

그림 1-1 급식과 외식의 관계

을 급식의 범위에 포함시킬 수 없는 한계를 가진다. 그러므로 이러한 용어들은 급식의 정의에 사용하기에는 부적절하다.

식품영양학 분야에서 출판된 다수의 급식경영 교재에서는 급식을 외식을 포함하는 광의의 개념으로 정의하고, 급식의 범주 안에 외식과 단체급식이 포함되는 것으로 정의하여 왔다. 그러나 일반적으로 또는 호텔경영학을 중심으로 한 학계에서는 일반인들은 외식을 급식을 포함하는 광의의 개념으로 보는 견해가 보편적이다. 본 교재에서도 이러한 보편적 견해에 따라 외식을 보다 큰 범위의 개념으로 보고, 급식을 비상업적인 외식을 지칭하는 용어로 정의하였다그림 1-1.

그렇다면 급식, 즉 비상업적 외식은 상업적 외식과 어떻게 대별되는가? 상업적 외식의 경우는 조직의 주요 활동, 즉 본연의 목적이 음식 서비스인 것에 반해, 급식의 경우는 조직의 목적 달성을 위한 지원 기능으로서 음식을 서비스한다. 즉, 초·중·고등학교 및 대학교에서 음식을 서비스하는 경우, 이러한 음식 서비스는 학교 본연의 목적인 교육의 효과적 수행을 지원하기 위한 부가 서비스이므로 이러한 경우의 음식 서비스는 급식에 포함될 수 있다. 또한 병원에서 행해지는 음식 서비스도 환자의 질환 치료라는 목적 달성을 지원하기 위하여 이루어지므로 급식이라 불린다. 그러나 패스트푸드점에서의 음식 서비스는 음식 서비스 그 자체가 패스트푸드점의 목적이므로 급식이라 불리지 않는다. 표 1-1에서 급식과 상업적 외식을 비교하여 정리하였다.

표 1-1 급식과 상업적 외식의 비교

구분	(단체)급식 (institutional foodservice)	상업적 외식 (commercial foodservice)
장소	조직의 건물 내부	일반 시중
분류	학교, 병원, 사업체, 사회복지시설 급식 등	일반음식점, 패밀리 레스토랑, 패스트푸드점, 연회
서비스 형태	셀프 서비스, 트레이 서비스	테이블 서비스, 셀프 서비스
조직	점장(영양사 또는 조리사), 조리종사원, 조리보조원 등	점장(지배인), 조리종사원, 서비스종사원 등
메뉴 형태	주기 메뉴, 변동 메뉴	고정 메뉴
메뉴 구성	• 영양기준을 중요하게 고려함 • 고객들의 기호를 고려하는 데 한계가 있음	영양가보다는 원가절약이나 판매증진을 위한 방안을 보다 고려함
메뉴 가격	• 주로 원가만이 가산됨 • 보조가 있는 경우는 무료나 할인이 가능함	원가에 이익을 가산하여 메뉴가격을 결정함
고객	조직의 종사원, 환자, 학생, 군인 등 조직과 연관이 되어 있는 고객	일반 대중
재정 출처	조직이나 정부의 보조를 받기도 함	경영주에 의해 조달되며 음식 판매의 이익금에 의존

자료 : 전길희(2001).

식품위생법과 그 시행령에 따르면 '집단급식소'란 영리를 목적으로 하지 아니하면서 50인 이상의 특정인에게 계속하여 음식물을 공급하는 기숙사, 학교, 병원, 사회복지시설, 산업체, 공공기관, 후생기관 등의 급식시설이다. 그러므로 일반적으로 단체와 집단이라는 용어는 동의어이나, 급식경영 분야에서는 단체급식과 집단급식을 구분하여 사용하는 것이 바람직할 것으로 보인다. 즉, 급식과 단체급식은 동의어로 사용하되, 집단급식은 50인 이상을 대상으로 하는 급식만을 일컫는 용어로 사용하는 것을 권장한다. 이는 식품위생법에서 집단급식소를 급식소 중 50인 이상의 특정인을 대상으로 하는 급식소만으로 한정하여 정의하고 있는 것에 근거한다. 그림 1-2에 외식, 급식, 단체급식, 집단급식의 관계를 도식화하였다.

식품위생법 제2조(정의) 제12호 "집단급식소"란 영리를 목적으로 하지 아니하면서 특정 다수인에게 계속하여 음식물을 공급하는 다음 각 목의 어느 하나에 해당하는 곳의 급식시설로서 대통령령으로 정하는 시설을 말한다.

가. 기숙사
나. 학교
다. 병원
라. 「사회복지사업법」 제2조 제4호의 사회복지시설
마. 산업체
바. 국가, 지방자치단체 및 「공공기관의 운영에 관한 법률」 제4조 제1항에 따른 공공기관
사. 그 밖의 후생기관 등

식품위생법 시행령 제2조(집단급식소의 범위) 「식품위생법」 제2조 제12호에 따른 집단급식소는 1회 50명 이상에게 식사를 제공하는 급식소를 말한다.

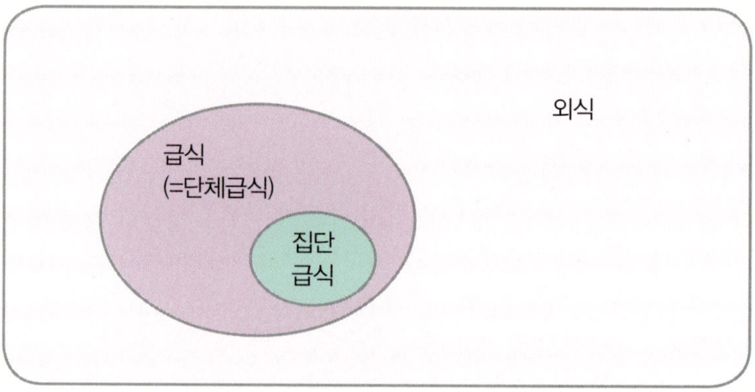

그림 1-2 외식, 급식, 단체급식, 집단급식의 관계

일본에서는 이러한 용어의 혼선을 막기 위해 오랜 기간 사용했던 집단급식시설이라는 용어를 폐지하고 2003년부터 건강증진법에 '특정급식시설'과 '기타급식시설'이라는 용어를 사용하고 있다. 즉, 급식시설 중 1회 100식 이상 또는 하루 250식 이상의 식사를 제공하는 시설을 특정급식시설로, 1회 100식 미만 또는 하루 250식 미만의 식사를 제공하는 시설은 기타급식시설로 정의하고 있다.

2. 급식의 역할과 의의

1) 급식의 역할

급식이란 조직의 목적 달성을 위한 지원 기능의 일부로서 식사를 서비스하는 조직적 행위로 정의된다. 이와 같은 정의에 근거하면 급식의 본연의 역할은 간단히 정리할 수 있다. 즉, 급식은 급식대상자의 영양개선 및 건강증진을 통하여 모母조직이 추구하는 본연의 목적 달성을 지원하는 고유의 역할을 수행한다. 그러므로 학교급식의 역할은 학교가 학생을 대상으로 한 교육활동이 효과적으로 이루어질 수 있도록 지원하는 것이고, 병원급식의 역할은 병원이 환자들의 질병치료를 효과적으로 달성하도록 지원하는 것이다. 또한 급식은 이러한 고유의 본원적 역할에 더하여 바람직한 식습관의 형성, 비용절감, 편리성 제공, 소속감 및 공동체의식의 형성, 도덕성 및 사회성 함양, 휴식처와 사교의 장 제공 등의 부가적인 역할도 한다 표 1-2.

표 1-2 급식의 역할

분류	급식의 본원적(=조직별 고유) 역할		급식의 부가적(=공통) 역할
영유아보육시설 급식	영양개선, 건강증진을 통한	보육활동 지원	• 식생활교육을 통한 바람직한 식습관 형성 • 비용 절감 • 편리성 제공 • 소속감 및 공동체의식 형성 • 도덕성 및 사회성 함양으로 인간관계 육성 • 휴식처와 사교의 장 제공
유치원 급식		교육활동 효과 증진	
학교 급식		교육활동 효과 증진	
대학 급식		교육활동 효과 증진	
병원 급식		질병치료 및 회복 증진	
요양시설 급식		건강회복, 유지, 증진	
사회복지시설 급식		복지사업활동 지원	
산업체 급식		생산성 향상 및 복리후생	
교정시설 급식		교정활동 지원	
군대 급식		군력 증진	

[칼럼] 급식은 밥장사가 아니다

컨베이어벨트 공장 점심시간. 찰리 채플린이 사장 지시에 따라 소위 '점심 먹여주는 기계'의 실험대상이 된다. 노동자가 컨베이어벨트 작업을 중단하지 않고도 밥을 먹을 수 있도록 도와주는 이 기발한(?) 기계는 수프, 빵, 옥수수를 찰리 채플린 입으로 쉴 새 없이 밀어 넣는다. 결국엔 기계 오작동 때문에 해프닝으로 끝나는, 영화 〈모던 타임스〉의 한 장면이다.

그런 시절이 있었다. 생산성 증대가 기업주의 최대 관심사였던, 그래서 노동자 점심시간이 사장님 눈엔 가시와 같은 존재로만 여겨졌던 그런 시절 말이다. 세월이 흘러 1960년대, 우리나라에서도 섬유공장들이 직원 식사를 제공하기 시작했다. 비교적 싼 가격에 먹을 수 있던 따뜻한 밥 한 끼는 당시 노동자들에게 크나큰 복지였다. 이후 더욱 많은 공장과 오피스 건물에 구내식당이 들어섰고, 급식은 근로자들을 위한 대표적인 복리후생 중 하나로 자리 잡게 되었다.

하지만 직원급식을 외부 업체에 맡기면서 급식을 밥장사로 보는 기업들이 하나둘씩 등장한다. 1980년대 중반부터였다. 일부 기업들이 구내식당 운영을 외부 업체에 맡기면서 임대료나 운영 이익 상환을 통해 수익을 챙기기 시작한 것이다. 그렇게 구내식당은 '복지 제공'에서 '수익 창출'로 존재 이유가 변질되어 갔다.

단언컨대 급식은 밥장사가 아니다. 레스토랑 같은 외식업체는 음식 서비스가 본연의 활동이고, 이를 통해 돈을 벌어야 하므로 밥장사가 주된 목적이라 할 수 있다. 하지만 일반 기업은 돈을 벌기 위한 본연의 활동이 따로 있게 마련이다. 자동차 회사라면 자동차 제조가, 백화점이라면 물품 판매가 바로 그것이다. 그런 자동차 회사와 백화점에서 직원들에게 급식을 제공한다면 이는 직원들이 생산과 판매활동을 잘할 수 있도록 지원하기 위해서다. 학교급식은 학생 교육을 지원하기 위해, 병원급식은 환자 치료를 지원하기 위해 존재하는 것과 같은 논리다.

식당 운영권을 준 대가로 외부 업체에서 챙기는 당장의 수익이 단기적으로는 기업 경영에 도움이 될지도 모른다. 하지만 장기적으로 볼 때 이러한 수익은 악재(惡材)가 돼 돌아오곤 한다.

구내식당을 맡게 되는 외부 업체는 보통 높은 임차료를 지불하게 마련이다. 물론 시설투자도 대부분 외부 업체 몫이다. 결국 만만찮은 부대 비용을 충당하기 위해 외부 업체가 점차 질 낮은 식재료와 적은 인력으로 급식을 제공하게 되는 것은 당연지사이다. 해서, 열악한 급식을 먹게 되는 근로자는 '덜' 건강해지고 회사에 '덜' 만족하는 악순환이 시작된다. '덜' 건강하고 '덜' 만족한 근로자는 '덜' 열심히 일할 것이고, 종국에는 '더' 좋은 일터를 찾아 떠날지도 모른다.

사실 잘만 활용하면 기업이 구내식당 운영에 급식전문업체를 들여오는 것은 단점보다 장점이 많다. 아무래도 전문업체는 전문성과 노하우가 뛰어난 데다 규모의 경제를 통한 원가절감 차원에서도 직영 급식보다 경쟁력이 높기 때문이다. 하지만 이러한 장점도 구내식당 운영권을 팔아 과다한 수익을 챙기려는 기업주들 앞에선 속수무책이다.

물론 근로자들에게 급식을 제공하는 근본적 이유를 제대로 이해하고 실천하는 기업들도 적지 않다. 하지만 갈수록 많은 기업들이 구내식당 운영권을 팔아 조금이라도 더 많은 이익을 챙기기 위해 동분서주하고 있는 것이 작금의 현실이다. 그런 의미에서 밥 먹여주는 기계를 도입하려 했던 80여 년 전 〈모던 타임스〉 속 사장님은 21세기 한국의 또 다른 모습이다.

끊임없이 변해야 사는 것이 기업이라 하지 않던가! 그렇기에 미래 지향적인 기업이라면 직원급식을 수익 창출의 도구가 아닌 장기적 차원의 복지 투자로 받아들여야 한다.

급식은 밥장사가 아니다.

자료 : 매일경제(2009. 11. 18).

2) 급식의 의의

급식은 국민영양 및 건강증진에 기여한다는 점, 자원의 효율적 · 경제적 활용을 도모한다는 점, 그리고 저소득 계층의 복지에 기여한다는 점에서 그 의의를 찾을 수 있다. 이를 보다 구체적으로 살펴보면 다음과 같다.

(1) 국민영양 및 건강증진에 기여

초 · 중 · 고등학교에서 학교급식의 전면 실시로 하루 약 600만 명의 어린이 및 청소년이 학기 중 학교에서 점심급식을 먹고 있다. 따라서 학기 중 평균적으로 우리나라 5,000만 국민의 20%가 넘는 1,000만 명 이상이 하루 식사 중 한 끼 이상을 급식으로 먹는 것으로 추정된다.

영유아보육시설에서 만 1세부터 급식을 먹기 시작하는 유아의 경우, 유치원, 초 · 중 · 고등학교, 군대나 대학교를 거치는 동안 계속해서 적어도 하루 한 끼 정도의 식사를 급식에 의존하게 되고, 이어서 직장에 들어가서도 급식을 먹게 되는 경우가 많다. 또한 몸이 아픈 경우에는 병원급식을 경험하게 된다. 이 외에도 개인적 상황에 따라 각종 사회복지시설 급식 등을 경험하기도 한다.

이처럼 급식은 우리나라 국민의 식생활에서 매우 중요한 위치를 차지하게 되었고, 급식의 적절한 관리가 국민들의 건강에 지대한 영향을 미칠 수 있게 되었다. 특히, 어린이 및 청소년의 경우, 정신적 · 육체적으로 성장이 왕성하고, 식습관 형성 및 교정이 중요한 시기에 있으므로 이 시기의 급식은 국민영양개선 및 건강증진에 특히 중요하다.

(2) 자원의 효율적 · 경제적 활용에 기여

급식은 식재료를 대량으로 구입하여 전문가가 조리하여 서비스하므로 개인이나 가정단위로 음식을 준비하는 행위보다 효율적이며 경제적이다. 특히, 초 · 중 · 고등학교에서의 점심급식 전면 실시는 직장 여성이 자녀의 점심 도시락을 준비해야 하는 시간적 · 심리적 부담감을 해소하고 사회 전체적으로는 식재료 및 시간 자원의 효율적 활용에 기여하고 있다.

(3) 사회복지에 기여

아동 및 노인복지시설 등에서 급식은 스스로 식사를 준비할 수 없는 이들에게 완전히 준비된 식사를 제공함으로써 이들의 영양적 요구를 충족시킬 수 있는 방법임과 동시에, 이들을 고립된 개인공간으로부터 사회적 공간으로 끌어내는 훌륭한 도구로서의 의의를 갖는다.

3. 급식의 특성

본 교재에서는 급식을 '…식사를 제공하는 조직적 행위'와 '…제공되는 식사'의 두 가지 관점으로 정의하였다. 이러한 정의를 바탕으로 급식의 특성을 알아보고자 한다.

1) 급식의 행위로서의 특성

급식은 대량의 음식을 생산하여 일률적인 식사를 단시간에 제공하는 행위적 특성을 갖는다. 즉, 급식의 행위는 개인의 니즈needs를 개별적으로 수용하기 힘든 집단적인 형태라는 특성을 갖는다. 이러한 특성으로 말미암아 식중독과 같은 급식의 문제는 그 영향이 상당히 클 수 있다.

2) 급식의 상품으로서의 특성

급식은 제품goods과 서비스service의 성격을 동시에 소유한 상품products특성을 가지고 있다. 즉, 급식업소에서 급식제공자가 고객에게 제공하는 상품은 제품적 특성을 지닌 '음식'과 이를 고객에게 전달하는 과정에 해당하는 '서비스' 둘 다를 포함한다. 그러므로 급식이라는 상품은 제품으로만 또는 서비스로만 이해되어서는 안 된다. 두 가지 특성이 복합적으로 얽혀 있는 상품으로 그 특성이 이해되어야 이에 맞는 효율적이면서도 효과적인 급식경영이 이루어질 수 있다.

(1) 급식의 제품 특성

먼저 급식에 제품적 특성을 부여하는 본원적 구성요소인 음식의 특성은 크게 안전성 · 영양성 및 기호성으로 나누어진다. 음식은 기본적으로 물리적 · 화학적 · 미생물학적으로 안전해야 한다. 급식에서 제공되는 음식은 많은 사람에 의하여 소비된다는 점에서 이러한 음식의 안전성은 더욱 중요한 특성으로 부각된다. 음식은 또한 섭취하는 사람의 영양적 요구를 충족시켜야 한다. 더욱이 급식은 일반적으로 동일한 집단에게 지속적으로 음식을 제공하므로 이러한 영양적 요구를 고려한 음식을 제공하는 것이 중요한 과제가 된다. 그러나 안전성과 영양성 못지않게 중요한 음식의 특성이 기호성이다. 즉, 음식은 섭취하는 사람의 기호적 요구에 맞아야 한다. 우선적으로 가장 중요시되는 기호적 요구는 맛이겠으나, 이외에도 색, 질감, 냄새 등 인간의 오감으로 느낄 수 있는 모든 측면의 기호가 중요하다. 특히, 급식에서는 이러한 기호적 요구에 맞는 음식의 제공이 고객의 만족도, 장기적으로는 업장의 식수를 좌우하기 때문에 그 중요성이 크다.

(2) 급식의 서비스 특성

서비스 마케팅 분야에서는 서비스를 그 유형성 정도에 따라 분류했을 때, 유형성과 무형성의 중간에 위치한 서비스의 예로 패스트푸드를 제시하고 있다. 이러한 논리를 연장하면 급식 또한 패스트푸드와 같은 위치에 또는 조금 더 유형성이 중요시되는 위치에 배치할 수 있다그림 1-3.

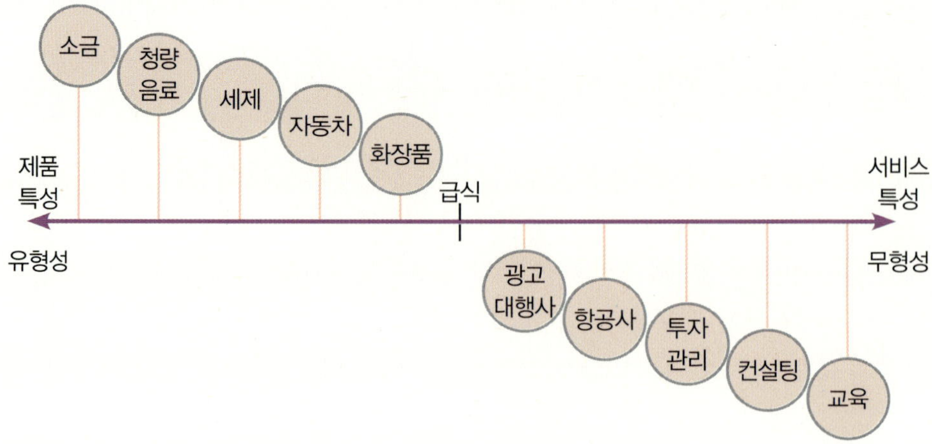

그림 1–3 급식의 제품 & 서비스 특성 정도

즉, 급식에서 제품적 성격이 차지하는 비율과 서비스적 성격이 차지하는 비율은 일반적으로는 '50 : 50' 또는 '60 : 40' 정도로 이해되어야 한다. 조금 더 면밀하게는 이러한 음식과 서비스 간의 상대적 중요성의 차이는 급식의 가격대에 따라 달라질 수 있다그림 1–4. 즉, 고가의 급식일수록 서비스의 중요도가 커지고, 저가 급식일수록 음식의 중요도가 커지는 경향이 있다. 서비스가 제품과 대별되어 갖는 일반적인 특성은 무형성 이외에도 생산과 소비의 비분리성, 이질성, 소멸성 등이 있는데표 1–3, 이러한 일반적인 서비스의 특성이 급식에는 100% 적용되지 않는다. 왜냐하면 급식은 순수한 서비스 상품이 아니라 제품의 성격을 상당 부분 포함하는 상품, 즉 음식과 서비스의 복합상품이기 때문이다.

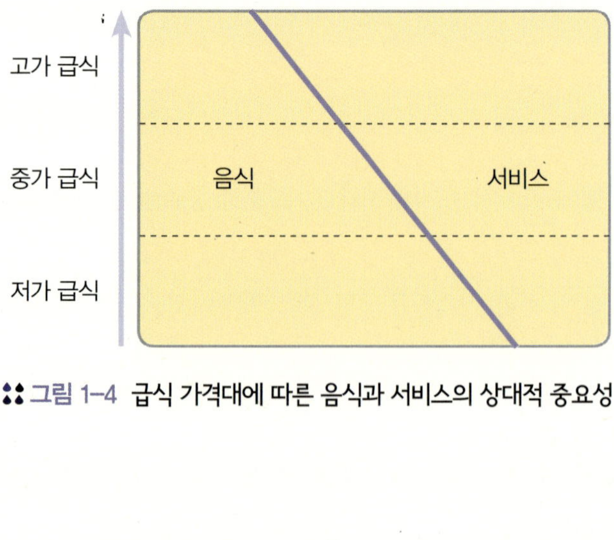

그림 1–4 급식 가격대에 따른 음식과 서비스의 상대적 중요성

표 1-3 제품과 서비스의 특성 비교

제품	서비스
유형성	무형성
생산과 소비의 분리성	생산과 소비의 동시성(비분리성)
동질성	이질성(비일관성)
저장성	소멸성(저장 불능성)

CHAPTER

2

급식경영의 기초

CHAPTER

2

급식경영은 호텔경영, 스포츠경영, 예술경영과 같이 특수경영의 한 분야로 발전해 왔다. 이에 본 장에서는 급식경영을 경영의 기본적인 개념을 기반으로 정의한 후, 특수경영의 한 분야로 설명하였다. 다음으로 본 장에서는 본 교재에서 다룬 급식경영의 주체, 대상, 내용의 범위를 설정하고, 이와 관련한 기초적인 이론을 소개하였다.

1. 급식경영의 개념

1) 급식경영의 정의

경영administration이란 "조직의 목표를 달성하기 위하여 계획하고, 실행하고 이를 평가하는 일련의 동태적 과정"이다. 이러한 경영이 흔히 관리management라는 개념과 혼용하여 사용되었는데, 이는 미국 경영학에서 자원의 관리를 경영이라고 본 견해로부터 기인한 결과로 볼 수 있다. 또한 같은 연유에서 영어 단어인 management가 우리나라에서는 경우에 따라 경영 또는 관리로 혼용되어 번역되어 왔다. 그러나 엄밀히 말하면 경영과 관리는 구분되어야 하는 개념이다.

경영과 관리를 구분하려는 학자들의 견해는 크게 두 가지로 구분된다. 첫 번째 견해는 경영을 상위 개념으로, 관리를 하위 개념으로 보는 것이다. 즉, 경영은 기업의 설립이나 해체 및 기업의 최고목표 수립, 주요한 인사결정, 이해관계자와의 이해관계 조정과 같은 최고경영층의 활동이고 관리는 경영에서 설립된 목표의 범위 내에서 이를 실천하기 위한 기능으로 중간관리층이나 하위감독층의 활동이라 보는 견해이다.

두 번째 견해는 경영을 광의의 개념으로 보고, 경영의 내용으로 전략strategy, 관리management, 운영operation을 포함하는 견해이다. 여기서 전략이란 조직의 목적을 설정하고 그 목적을 달성하기 위하여 외부환경으로부터 주어진 기회를 포착하는 의사결정활동이며, 관리란 결정된 전략을 실행하는 데 있어 자원을 효율적으로 활용하여 목표를 효과적으로 달성하기 위한 계획, 실행 및 평가활동이다. 그리고 운영이란 관리활동을 사전적으로 정해진 방식과 체계에 따라 수행하는 것을 말한다. 그러나 이렇게 논리적으로는 경영을 전략, 관리, 운영이라는 세 가지 개념으로 구분할 수 있지만 실제로는 서로 구별이 어렵거나 조직의 상대적 위치에 따라 분류가 바뀔 필요가 있을 수 있다.

이렇듯 경영과 관리를 구분하여 정의하는 개념적 틀이 이론적으로 성립되어 있는 것은 사실이나, 아직 그 이론적 체계와 엄밀성이 미흡한 기업 이외의 조직에서는 경영과 관리의 두 용어가 혼용되어 사용되기도 한다예 : 가정관리, 병원관리 등. 급식경영 분야에서도 역시 경영과 관리라는 두 용어가 혼용되고 있는 것이 현실이다. 이에 본 교재는 실질적으로는 전략이나 운영을 배제한 '관리'에 초점을 맞추어 집필되었다.

즉, 엄밀한 의미에서 본 교재는 '급식경영'이 아닌 '급식관리'를 다루고 있다. 이러한 근거로, 급식경영은 "급식 조직의 운영을 위해 투입되는 자원을 효율적 · 효과적으로 관리하는 활동"으로 정의될 수 있다.

2) 특수경영으로서의 급식경영

경영은 여러 조직이 가진 각각의 성격이나 목적의 특수성에 상관없이 모든 조직에 공통적으로 적용할 수 있는 요소를 추출한 개념이다. 즉, 어떤 조직에서 목적을 가지고 그 목적을 달성하기 위해 계획을 세우고plan 실행do하고 그 결과를 평가see 하는 과정을 거치게 되면 경영이라고 할 수 있다. 따라서 경영이란 기업에서만 이루어지는 것은 아니며 국가경영, 가정경영 등의 개념이 있을 수 있다.

그러나 일반적인 경영학의 주 연구대상은 사적 이윤을 추구하는 사기업이다. 그러므로 국가경영이나 가정경영의 연구는 각각 행정학, 가정관리학이라는 개별적인 학문 분야에서 이루어지며, 이에 더 나아가 학교경영, 병원경영, 공공가정경영, 사회복지시설경영 등의 보다 세분화된 조직을 대상으로 한 경영이론도 등장해 왔다. 즉, 이러한 이윤을 추구하는 사기업을 대상으로 한 경영학의 이론이 그대로 적용될 수 없는 분야의 경영을 통틀어 '특수경영'이라 부르기도 하는데, 급식경영도 이러한 특수경영의 하나로 이해될 수 있다.

경영학이라는 학문에서 따로 분리하여 호텔경영, 병원경영 등이 논의되고, 경영학 내부에서도 기존의 제품 중심의 경영학 이론이 적용될 수 없는 서비스 상품에 대한 경영이론들이 따로 연구되고 있다. 이러한 상황에서 과연 '급식경영'에 대한 독립적인 이론을 연구하고 정립하는 것이 필요한 일인지 짚어볼 필요가 있다.

모든 특수경영 분야의 이론이 따로 연구되고 정립되지는 않는다. 즉, 은행경영이나 백화점경영 등은 따로 교재가 만들어지거나 연구되지 않지만 호텔경영, 스포츠경영, 기술경영과 같은 분야는 일반경영과 따로 분리되어 연구되고 있다. 그 이유는 이러한 분야에 대한 수요가 충분하기 때문이다. 같은 이유로 급식경영 또한 독립된 분야로 연구되고 있다. 급식경영은 일반 제품과는 차별화된 음식이라는 제품을 다루고, 이에 더하여 서비스를 함께 다루는 복합적인 성격을 지니고 있기 때문에 그 특수성이 더욱 두드러진다.

3) 급식경영의 구성요소

급식경영의 구성요소로는 경영의 주체인 급식경영자, 경영의 대상인 급식조직, 경영의 내용인 급식운영, 급식관리, 급식전략이 있다. 이러한 각각의 급식경영의 구성요소에 대해서는 다음 절에서부터 자세히 다루기로 한다. 본 교재에서는 개별 급식소의 책임자인 점장의 급식관리활동에 초점을 두고 급식경영을 설명한다그림 2-1.

급식경영의 주체	**급식경영자**		
	점장 (unit manager)	지역 책임자 (sector manager)	급식기업의 부서장 또는 최고경영자
급식경영의 대상	**급식조직**		
	개별 급식소		공동관리 급식소
급식경영의 내용	**계획 – 실행 – 평가**		
	급식운영	급식관리	급식전략

그림 2-1 급식경영의 구성요소와 본 교재의 구성

2. 급식경영의 주체 : 급식경영자

1) 급식경영자의 역할

급식경영자는 급식종사원에게는 즐겁고 보람 있는 직장이 될 수 있도록, 급식소 고객에게는 가치 있는 음식과 함께하는 고객감동 서비스의 장이 될 수 있도록 급식소를 경영해야 한다. 이를 위하여 급식경영자가 맡아야 하는 역할은 다양하다. 민츠버그Mintzberg는 경영자의 역할을 크게 대인 간 역할, 정보 관련 역할, 의사결정 역할로 나누어 설명하였다. 민츠버그에 의한 이러한 경영자의 역할을 급식경영자에 적용하여 설명하면 표 2-1과 같다.

표 2-1 민츠버그의 경영자의 역할에 대응한 급식경영자의 역할

대인 간 역할(interpersonal roles)	
대표자 (figurehead)	• 급식경영자는 상징적인 기능으로 급식소를 대표함 • 위탁급식소의 점장은 공식적인 서명을 해야 하는 일뿐 아니라 고객사의 담당자를 만나고 급식소를 방문하는 고객에 대한 접견 등 의식적인 일을 수행함
지도자/리더 (leader)	• 급식경영자는 종사원의 작업과 관련된 활동을 지도하고 조정함 • 종사원에게 동기부여를 하기 위해서 먼저 자신이 열정과 추진력을 보여 주어 종사원들의 귀감이 될 수 있도록 솔선수범하고 재량권과 금전적 · 신분적 보상을 공정하게 수행해야 함
연결자 (liaison)	급식경영자는 급식소 내 · 외부, 상하, 좌우 간의 관계에 있어서 연결고리의 역할을 함
정보 관련 역할(informational roles)	
정보탐색자/감시자 (monitor)	급식소 외부환경과 관련되어 있는 정보를 지속적으로 직 · 간접적인 방법을 통하여 수집함
정보제공자/전달자 (disseminator)	수집된 정보를 급식종사원들 및 기타 조직 구성원들에게 전달함
대변인 (spokesperson)	급식소 외부의 이해관계 집단에게 급식경영에 있어서의 공식적인 입장에 관한 객관적인 사실을 대변함
의사결정 역할(decisional roles)	
기업가 (entrepreneur)	• 급식경영자는 급식조직 내의 혁신적인 방법을 모색해야 함 • 급식경영자는 새로운 아이디어를 창출하고 이를 종사원들과 공유하기 위해 급식경영의 새로운 방법에 대한 의사결정을 과감하게 내려야 함
문제해결사/갈등조정자 (disturbance handler)	• 노사관계, 일정계획, 계약관계 등에 대한 문제를 취급함 • 급식경영자는 급식소 내 · 외부의 문제에 대하여 신속히 원인을 파악하고 분석하여 올바른 판단을 통하여 문제를 해결하여야 함
자원배분자 (resource allocator)	급식소의 한정된 인적 · 물적 자원을 최대한 효율적으로 배분하여 급식소를 운영하여야 함
협상자 (negotiator)	식재료 및 물품의 공급자 등과의 협상에 있어서 급식경영자는 급식경영의 목표 달성에 불리함이 없도록 협상을 함

일반적으로 경영자는 그 조직 내의 책임 및 역할범위에 따라 전반경영자=일반경영자와 기능경영자로 나누어지고, 수직적 위계, 즉 관리계층에 따라 상위 경영자 · 중간관리자 · 하부감독자, 또는 최고경영자 · 중간경영자 · 하부경영자로 분류된다. 이

급식에서의 여성 경영자의 역할

사회와 기업에서의 여성의 역할이 변화하고 있다. 과거 사회에서는 가사와 육아의 전담자로서, 기업에서는 남성의 조력자로서의 역할에 머물렀던 여성들이 이제 사회와 기업에서 리더와 경영자로서 활약하고 있다.

그러나 최근 들어 위탁급식소의 점장(unit manager)이 영양사에서 조리사로 대체되고 있는 현실이 안타깝다. 이러한 조직의 변화는, 즉 급식소 현장의 책임자가 여성에서 남성으로 대체되고 있음과 그 맥락을 함께 하기 때문이다. 또한 위탁급식회사의 지역 관리자(sector manager)나 부서의 팀장(team manager)도 주로 남성으로 채워지고 있는 현실은 급식경영 분야에서의 영양사, 즉 여성 경영자의 한계를 보여 주는 일례이다. 급식경영에 대한 지식을 전문적으로 배운 영양사, 즉 여성들이 경력 진로(career path)가 그렇지 않은 남성들보다 좁아져서 메뉴 개발팀 등의 일부 분야를 제외하고는 남성이 리더로서 조직의 라인을 장악하고, 여성은 그 조력자로서 스태프의 일부에 자리매김이 되고 있는 것이 현재 대부분 위탁급식회사의 현실이다.

급식경영 분야는 그 특수성상 여성들이 경영의 주체가 되어야 하는 대표적인 분야이다. 다시 말해서, 전통적으로 여성이 주로 담당해 오던 식생활관리의 기능이 사회적 기능으로 전환된 급식이라는 분야의 특수성에 기인하여 여성 경영자가 남성에 비해 경쟁우위를 가질 수 있는 대표적인 분야가 급식경영인 것이다.

급식경영 분야에 종사하는 영양사, 즉 여성 경영자들은 이러한 전문화된 시장에서 경영자로서의 자질과 능력 향상에 노력함으로써, 급식경영 분야에서의 여성 경영자들의 경력진로 개발(career path development)에 힘써야 한다. 영양사로서의 현장 운영업무, 즉 일선 감독자로서의 업무에 안주할 것이 아니라 중간경영자 나아가 상위경영자로서의 영양사 역할 확대 및 강화를 위해서는 의사결정능력, 경영과학기법 또는 계량경영분석에 관한 지식 습득, 의사소통의 기술, 마케팅 전략의 지식과 기술 습득 등의 시대가 요구하는 전문인다운 자질과 여건을 영양사 스스로가 갖추도록 노력해야 한다. 이러한 노력은 궁극적으로 이 사회에서의 전반적인 여성의 지위 변화에 기여할 수 있을 것이다.

러한 분류는 상대적으로 상황에 따라 다르게 적용될 수 있지만, 급식소의 점장은 전반경영자이며 중간경영자로 분류되는 것이 일반적이다. 그림 2-2에서 보듯이 중간경영자인 급식경영자는 주로 경영활동 중 관리활동에 많이 참여하게 된다.

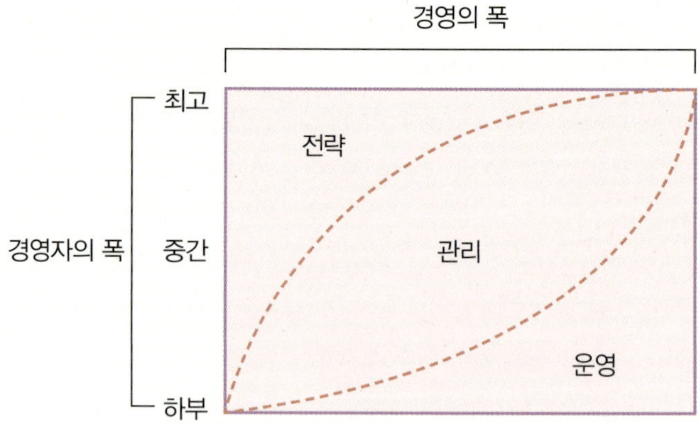

그림 2-2 경영자와 경영내용의 관계

2) 급식경영자의 능력과 자질

카츠Katz는 경영자에게 요구되는 기본적인 능력으로 기술적 능력technical skill, 인간적 능력human skill, 개념적 능력conceptual skill을 제시하였다. 이러한 세 가지 능력은 모든 경영 계층에 필요한 능력이지만 경영자의 계층에 따라 그 상대적 중요성이 달라질 수 있다. 개념적 능력은 상위경영층으로 갈수록, 기술적 능력은 하위경영층으로 갈수록 중요해진다. 인간적 능력은 모든 계층의 관리자에게 골고루 필요한 능력이다그림 2-3.

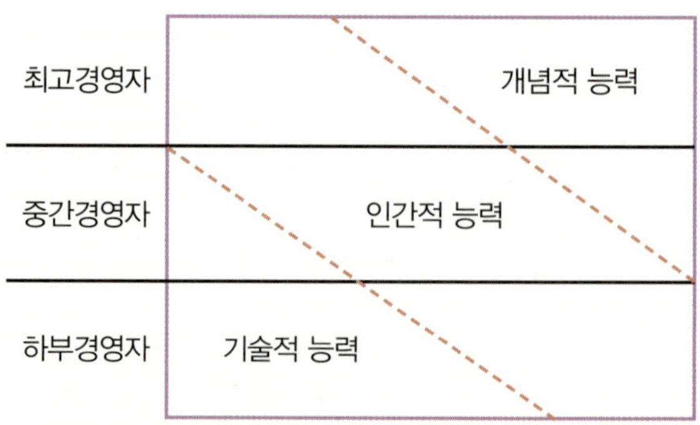

- 개념적 능력 : 거시적 안목에서 조직을 바라보고 조직의 상호 관련성을 파악하는 능력
- 인간적 능력 : 조직구성원들과 조화를 이루고 원활한 의사소통을 할 수 있는 능력
- 기술적 능력 : 경영기법, 수단, 운영 프로세스 등을 활용할 수 있는 능력

그림 2-3 카츠가 제시한 경영자에게 요구되는 단계별 능력

중간경영자로서의 급식경영자는 인간적 능력을 기본으로 하되 개념적 능력과 기술적 능력을 적절히 갖추어야 한다. 표 2-2에서는 급식경영자에게 필요한 경영능력의 구체적 예시를 제시하였다.

표 2-2 급식경영자에게 필요한 경영능력

구분	경영능력
기술적 능력	표준 레시피의 작성, 대량 조리의 기술, 기기 사용법의 교육, 급식전산 프로그램의 사용 등
인간적 능력	종사원과의 의사소통능력, 동기부여기술 등
개념적 능력	의사결정능력, 경영과학기법 및 경영분석에 대한 지식 등

3) 급식경영자의 사회적 책임

급식이 사회에 미치는 영향이 커지면서 급식경영자와 급식기업의 사회적 책임도 중요하게 다루어져야 할 때가 되었다. 급식경영자의 사회적 책임은 표 2-3과 같이 5개의 영역으로 나누어 생각해 볼 수 있다.

표 2-3 급식경영자의 사회적 책임

구분	내용
급식의 유지 · 발전에 대한 책임	급식 조직을 그 본연의 기능을 다하면서 유지 · 존속시키는 것에 대한 책임으로 급식경영자의 '본원적 사회적 책임'이라 할 수 있음
급식종사원의 복지증진에 대한 책임	급식경영자가 내부고객인 종사원의 복지증진에 노력하여 종사원의 만족을 높여 주는 것에 대한 책임
이해 조정 책임	급식의 이해집단 사이에 발생하는 갈등에 대한 조정의 책임. 예를 들어, 학교급식의 경우, 학생, 학부모 및 급식종사원, 학교 교직원 등과의 이해관계를 조정할 책임
환경오염의 방지에 대한 책임	급식 쓰레기의 적절한 처리, 잔반 및 잔식의 최소화 등의 노력을 통하여 환경오염을 최소화하는 것에 대한 책임
후계자 육성에 대한 책임	대학교에서 나오는 실습생, 기업의 영양사 인턴 등의 교육에 적극 협조함으로써 차세대 급식경영자의 양성에 기여하는 것에 관한 책임

3. 급식경영의 대상 : 급식조직

조직이란 사람들의 모임이다. 그러나 단순히 사람들을 모아 놓는다고 해서 조직이 성립되는 것은 아니다. 사람들의 모임이 조직이 되기 위해서는 모임의 목적을 이루기 위하여 각자의 위치와 서로 간의 관계를 정립하여야 한다. 이러한 공식적인 위치와 관계를 도식화한 것이 조직도이다. 급식소 조직도의 예는 그림 2-4와 같다.

그림 2-4 급식소 조직도의 예

급식조직은 자원을 효율적으로 사용하여 고객에게 만족도 높은 식사를 제공함으로써 모母조직의 본연의 목적 달성을 지원하는 것을 그 고유의 목적으로 한다. 그러므로 급식조직은 이러한 목적 달성의 효율성 및 효과성을 극대화할 수 있도록 구성되어야 한다. 또한 이렇게 구성된 조직은 경영 여건의 변화에 따라 유동적으로 함께 변화할 수 있어야 한다.

급식소의 책임자가 영양사인 경우, 급식조직 내의 주요 관리대상으로서의 구성원은 조리사 또는 조리종사원들이다. 이러한 구성원들의 직무를 적절하게 설계하고 배분하는 것을 조직화organizing라 하는데, 이러한 조직화의 주요 원칙을 표 2-4에 제시하였다.

표 2-4 조직화의 원칙

원칙	내용
전문화의 원칙 (=분업의 원칙)	• 조직의 각 구성원이 가능한 한 특수화된 업무를 전문적으로 담당함으로써 경영활동의 능률을 증진 • 전문화 ⇨ 부문화 ⇨ 담당직무의 종류와 범위가 합리적으로 정해짐
명령일원화의 원칙	라인(line)에 따라 한 부하는 언제나 한 상사에게만 명령을 받도록 함 ① 권한 및 책임의 명료화 ② 부하의 효율적인 통제 가능 ③ 상위자가 전체적인 조정 용이 ④ 하위자는 상위자의 명령 · 보고 관계 일원화 ⇨ 지휘에 대한 안정감
감독한계 적정화의 원칙 (=감독범위 적정화의 원칙)	한 사람의 관리자가 직접 통제하는 하위자의 수를 적정하게 제한해야 한다는 원칙. 한 사람의 장이 직접적으로 지휘 · 감독할 수 있는 부하의 수에는 한계가 있기 때문에 너무 광범위하면 의사전달이 곤란하고 능률이 저하됨
권한위임의 원칙	• 권한을 가지고 있는 상위자가 하위자에게 직무를 위임할 경우에는 그 직무수행에 관한 일정한 권한까지도 주어야 함 • 권한위임의 장점 : 신속한 의사결정 및 직무의 신속한 처리 가능, 조직 구성원에 대한 동기부여의 효과, 관리자의 부담 경감, 부하의 잠재능력의 발견 가능, 인재 육성 가능
계층단축화의 원칙	상하의 계층이 길게 되면 의사소통 불충분, 명령전달 지연, 인건비 증대의 폐단이 생기므로 조직의 계층을 단축하여 업무를 효율화함
삼면등가의 원칙	조직 내에서 공식적인 관계는 권한, 의무, 책임의 세 가지 기본관계로 형성되며, 이 세 가지는 직무에 동등하게 부여되어야 함

4. 급식경영의 내용 : 급식관리

경영의 내용으로는 전략, 관리, 운영의 세 가지 활동이 포함되지만 본 교재에서 다루는 급식경영의 주된 내용은 '급식관리'이다. 관리란 주어진 목표를 효율적 · 효과적으로 달성하기 위하여 자원을 계획, 조직, 지휘, 조정, 통제하는 과정으로 이러한 과정은 서로 밀접한 관계를 가지고 하나의 순환체계를 이루게 되므로 이를 관리의 순환과정management cycle이라 부른다. 이러한 순환과정을 간략히 PDSPlan-Do-See 순환과정 또는 POCPlanning-Organizing-Controlling 순환과정이라고도 한다. 표 2-5는 급식관리에서의 PDS 순환과정의 요소를 보여 준다.

경영관리는 전통적으로 생산관리, 재무관리, 인사관리, 마케팅관리 등 4대 기능에 중점을 두어 설명되어 왔다. 이는 경영관리를 주요 관리대상인 4M, 즉 재료material, 돈money, 인간man, 그리고 시장market을 중심으로 구분한 것으로서 경영학 분야에서 일반적으로 받아들여지는 구분의 틀이다. 생산관리는 재화를 만들어 내는 과정으로서, 자원을 조달하고 결합 · 변형시키는 관리과정이며, 재무관리는 기업활동에 필요한 자본을 조달하고 관리하는 과정이다. 인사관리란 기업활동에 필요한 인력을 채용 · 교육 · 배치하고, 개발 · 보상 · 유지하는 관리과정이며, 마케팅관리란 기업이 생산할 또는 생산한 제품과 서비스의 구성, 가격, 유통, 촉진 등에 관련된 관리과정이다.

이러한 일반적인 경영관리의 틀을 그대로 적용하면, 급식 생산관리, 급식 재무관리, 급식 인사관리 및 급식 마케팅관리라는 4가지 측면에서 급식관리를 설명할 수 있다. 그러나 재무관리의 경우, 일반경영학과 구분될 만한 특수성을 가진 급식경영의 이론은 아직 미흡한 실정이다. 또한 단위급식소의 경영자로서는 재무관리에 관한 의사결정을 해야 하는 경우가 흔치 않다. 그러므로 급식에 있어서 경영관리의 주

표 2-5 급식관리에서 PDS 순환과정의 요소

구분	경영능력
계획(Plan)	식단 작성, 구매 계획, 예산 작성, 인력 계획, 교육 및 훈련 계획, 이벤트 계획
실시(Do)	구매, 검수, 저장, 조리, 배식, 종사원 교육 실시, 이벤트
평가(See)	급식원가 분석, 잔식조사, 잔반조사, 고객 만족도 조사

요 기능은 재무관리를 제외한 세 분야를 중심으로 이루어진다.

1) 급식소 생산 및 운영관리

전통적인 제품 중심의 경영학에서는 생산관리라는 용어가 재료를 프로세스하여 제품을 만들어 내는 과정에 대한 관리를 뜻하는 것으로 쓰였다면, 운영관리란 서비스를 그 주된 상품으로 하는 기업에서 사용하는 생산관리에 대응하는 개념이다. 급식의 경우 제품의 성격을 지니는 음식과 함께 서비스가 상품의 구성요소이므로 급식에 대해서는 급식생산 및 운영관리라는 표현을 쓰는 것이 적절하다.

급식생산 및 운영관리를 보다 자세히 살펴보면 식재료의 구매, 대량 조리, 배식으로 이어지는 일련의 과정에 대한 관리이며, 이러한 과정의 기반을 이루는 위생관리, 시설설비관리, 정보관리, 원가관리 등도 이 영역에 포함된다. 현재 이러한 부분은 식품영양학과 교과과정의 단체급식관리 또는 단체급식 과목에서 주로 다루어지고 있다.

2) 급식소 인적자원관리

단기적 안목에서의 조직의 목표가 강조되었던 전통적인 인사관리와는 달리 현대의 인사관리에서는 장기적 안목에서 개인의 목표와 조직의 목표의 통합을 중시한다. 또한 현대의 인사관리에서는 조직구성원 개개인의 경력개발을 중요시한다. 이러한 새로운 인사관리의 개념이 등장하면서 인사관리라는 용어 자체도 인적자원관리라는 용어로 대체되어 사용되고 있다.

급식 인적자원관리는 급식경영 분야 중 가장 중요하게 다루어지고 있다. 급식 인적자원관리에 대한 보다 자세한 내용은 제2부 급식소 내부고객관리에서 다루어진다.

3) 급식소 마케팅관리

식품영양학과의 교과과정 중 급식경영에서는 주로 급식 인적자원관리를 다루어 왔다. 그러나 최근에는 급식경영 과목에서 마케팅관리가 차지하는 비중이 증가하는 추세이다. 시장의 성격이 과거 '판매자의 시장seller's market'에서 '구매자의 시장buyer's market'으로 전환됨에 따라 일반적인 산업에서 마케팅관리의 필요성이 대두되었다. 즉, 수요가 공급을 초과하던 판매자의 시장에서 공급이 수요를 초과하는 구매자의 시장으로 변화한 이상 마케팅관리는 경영관리의 어떤 영역보다 그 중요성이 크다고 볼 수 있다.

급식에서의 마케팅관리는 "급식을 제공받는 고객이 다른 가능한 식사를 선택하지 않고 해당 업장의 급식소에서 음식을 제공받고, 이러한 제공에 대한 고객만족도를 높이기 위하여 급식제공자가 수행하는 모든 관리활동"이라 정의할 수 있다. 그러나 급식에서 이러한 마케팅관리의 중요성이 대두되기 시작한 것은 국내에서는 비교적 최근의 일이다. 과거에 급식소의 고객은 선택의 여지 없이 일방적으로 식사를 공급받는 경우가 대부분이었고, 고객의 만족도 증진이라는 개념은 거의 존재하지 않았다고 해도 과언이 아니다. 물론 위탁급식회사에서는 그 초기부터 마케팅 부서가 존재하여 온 것이 사실이지만, 이 경우의 마케팅 부서가 상대하는 고객은 급식을 제공받는 개별고객이 아니라 위탁자, 즉 급식이 행해지는 조직 전체이다. 따라서 위탁급식회사의 마케팅 부서가 하는 일은 업장을 개발하는 일이지 개인 고객의 만족도 향상을 위한 활동은 아니었다.

그렇다면 개별 고객이 제공되는 급식을 선택하고 만족할 수 있도록 노력하는 급식 마케팅관리가 일반적인 기업의 마케팅관리와 구분되는 점은 무엇인가? 물론 상당 부분 마케팅관리의 기본 이론이 급식 마케팅관리에 적용될 수 있겠으나, 일반 제품 및 서비스와 대별되는 급식의 여러 가지 특성에 기인하여 급식의 마케팅관리에는 고유한 이론 및 현장 적용사례가 존재한다. 이 부분에 대한 자세한 내용은 본 교재의 제3부 급식소 외부고객관리에서 다루어진다.

표 2-6 급식관리의 구성

구성요소	식품영양학 교과과정
급식소 생산 및 운영관리	단체급식(관리)
급식소 인적자원관리	급식경영
급식소 마케팅관리	

CHAPTER

3

급식산업

1. 급식산업의 범위 | 2. 급식산업의 현황 | 3. 급식산업의 구성

CHAPTER 3

급식산업은 외식산업의 일부로 외식산업의 성장과 함께 지속적으로 성장해 왔다. 급식산업은 크게 직영급식과 위탁급식 분야로 나누어 볼 수도 있지만, 급식을 제공하는 시설에 따라 영유아시설 급식, 학교 급식, 대학 급식, 산업체 급식, 병원 급식, 사회복지시설 급식 등의 분야로도 구분될 수도 있다. 본 장에서는 급식산업의 범위와 현황을 기술하고, 급식산업을 구성하는 대표적인 분야의 급식에 대해 살펴보았다.

1. 급식산업의 범위

급식산업institutional foodservice industry, noncommercial foodservice industry, 즉 단체급식산업은 "학교, 병원, 산업체 등 조직의 본원적 목적이 식사 제공이 아닌 조직에서 식사를 제공하는 업종의 집합체"로 정의할 수 있다. 급식산업은 환대산업hospitality industry 중 외식산업의 일부로서 자리하고 있다그림 3-1.

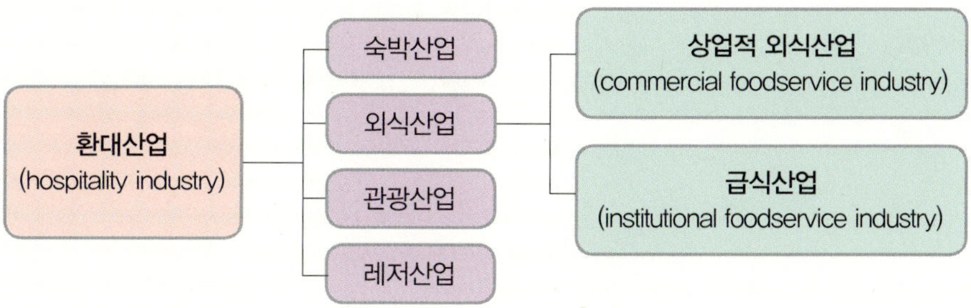

그림 3-1 급식산업과 관련 산업

급식산업이 숙박, 관광, 레저산업 등과 함께 고객을 접대하는 산업인 환대산업의 일부로서 분류되고 있는 이유 때문에 급식산업을 서비스산업의 일부로서만 이해하려는 경우가 있는데, 이는 급식산업을 올바르게 이해하지 못한 잘못된 결과이다. 급식산업은 제품산업과 서비스산업의 특성을 모두 갖춘 복합산업으로 이해되어야 한다. 사회가 발달함에 따라, 급식산업이 서비스 중심의 산업으로 변모해 갈 것이라는 예측도 있으나, 급식에서 제공되는 본원적 가치가 음식에 있는 한 급식산업은 제품과 서비스를 함께 취급하는 복합산업으로 남아 있을 것이다.

2. 급식산업의 현황

우리나라의 급식산업은 지난 20여 년간 급속히 성장했다. 2015년 기준, 급식산업의 규모는 약 7.7조 원으로 108조 원으로 추정되는 외식산업의 약 7%를 차지하는 것으로 조사되었다. 물론 이러한 급식산업의 규모에는 소규모 어린이집이나 지역아

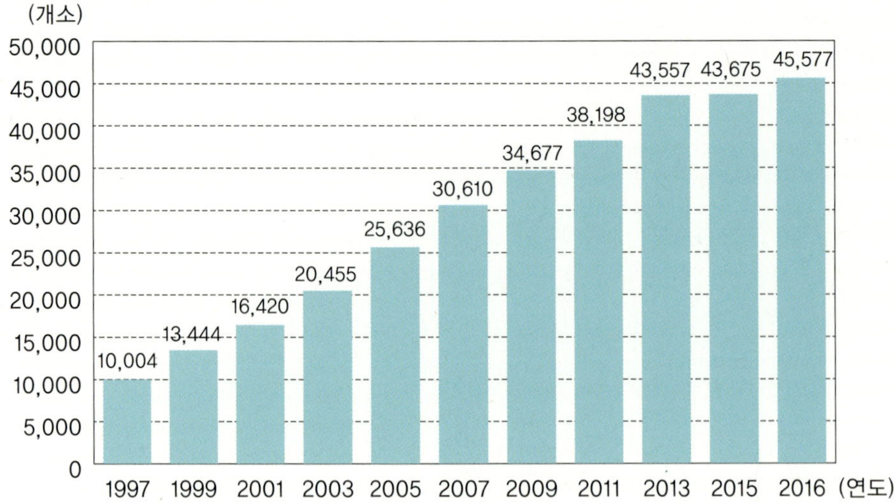

그림 3-2 집단급식소의 시설 수(1997~2016)

자료 : 식품의약품안전처(2017).

동센터와 같은 비집단급식소는 포함되지 않은 것이므로 이러한 통계에서는 급식산업의 규모가 과소평가된 것으로 보아야 한다.

가정어린이집이나 지역아동센터와 같은 비집단급식소, 즉 1회 50인 미만에게 식사를 제공하는 급식소의 수도 꾸준히 증가하는 추세이며, 집단급식소의 수 또한 매우 빠른 속도로 증가하고 있다. 집단급식소의 시설 수는 1997년에 약 1만 개에 불과하였던 것이 10년 만에 약 3배가 증가하여 2007년에는 3만 개를 넘어섰고 2016년에는 약 4만 5,000개로 집계되었다그림 3-2.

1) 직영

직영self-operated 급식은 동일한 목표 달성을 위해 구성되어 있는 조직에 속한 하위체계로, 단체급식소가 속해 있는 모母조직으로부터 시설과 장소 및 이를 운영할 수 있는 자금지원을 받으면서 인력 채용에 이르기까지 모조직의 규정과 절차를 따르는 형태이다. 따라서 일반적으로 급식소에서 필요로 하는 기기 및 식자재 구입 등의 모든 구매절차는 모조직의 구매과를 통하여 이루어지는 경우가 많다.

직영급식에서의 급식책임자는 영양사인 경우가 많고, 이들은 위탁급식 형태에서

와는 달리 수익성에 대한 스트레스는 받지 않아도 된다. 하지만 고객들의 요구가 다양해지고 고객들이 기대하는 음식 및 서비스의 질이 높아짐에 따라 직영급식에서도 경영의 원리에 입각한 과학적 경영의 중요성이 증대하고 있다.

직영급식의 장점으로는 소속감의 증진, 수익 증대보다는 품질 유지 우선, 원가에 대한 신속한 조절, 속해 있는 조직의 통합적 책임 등을 들 수 있고, 단점으로는 융통성의 부족, 과거 운영절차의 답습, 지나친 행정업무, 높은 운영비 지출 등이 있다.

2) 위탁경영

조직 내의 급식운영 및 관리업무의 일부 또는 전부를 급식경영을 전문으로 하는 위탁급식 전문업체foodservice management company, food contractor, 예 : 아워홈, CJ프레시웨이, 삼성웰스토리, 신세계푸드 등에 의뢰하여 경영하는 것을 급식위탁경영contract-mamaged이라고 하며, 이는 조직 내의 급식을 내부에서 운영 · 관리하는 급식직접경영, 즉 직영과 대조되는 개념이다.

조직이 급식을 위탁전문업체에 의뢰하는 이유는 다양하다. 주된 이유로는 시설개보수비에 대한 자금 부족, 품질 향상의 필요성, 모조직 인력의 급식경영지식 부족, 급식비 절감의 필요성, 노사 간 갈등의 쟁점 제거 등을 들 수 있다.

급식의 위탁경영은 위탁사 입장에서 보면 전문업체에 경영을 맡김으로써 급식비용 및 원가를 절감할 수 있다는 점, 낙후된 시설과 설비를 개선할 수 있다는 점, 경영진이 급식관리업무에서 해방될 수 있다는 점, 급식운영 및 관리에 대한 부담이 경감되고 급식종사원의 노사문제로부터 해방될 수 있다는 점, 종사원 교육 및 훈련 프로그램이 보다 체계적으로 수행될 수 있다는 점 등의 장점이 있다. 그러나 위탁급식업체의 전문성이 부족한 경우, 많은 문제점이 야기될 가능성과 급식품질에 대한 통제가 어렵다는 점 등의 단점도 존재한다.

수탁사위탁을 받은 회사, 위탁급식 전문업체와 위탁사위탁한 조직, 고객사가 급식계약을 맺는 방법은 크게 식단가제와 관리비제가 있다. 식단가제는 식사의 판매가격재료비, 인건비, 경비와 위탁수수료 포함을 기준으로 계약하는 것을 일컬으며, 식수변동이 적고 규모가 큰 급식소의 경우에 주로 이용되는 계약방법이다. 관리비제는 일정 비율의 위탁수수료를 추가로 지급하는 형식의 계약제도이며, 일정 기간 사용된 재료비, 인건비, 경비 등을 사용 내역에 따라 수탁사가 위탁사에 청구하면서 이에 더하여 위탁수수료를 청구하는 제도이다.

우리나라의 급식산업에 근대적 개념의 최초의 위탁급식업체로 서울캐터링서비스㈜가 1988년에 등장하였다. 이후 86 아시안게임과 88 올림픽에 힘입은 경제 부흥의 시기에 노사분규, 인건비와 식자재비 상승으로 인하여 많은 조직이 급식을 위탁하기 시작하였다. 또한 다수의 대기업들이 위탁급식업으로 사업영역을 확장하면서 국내의 위탁급식산업은 괄목할 만한 성장을 이루었다. 특히, IMF 시기 동안 경영합리화 전략에 따라 많은 산업체의 급식이 위탁되었고, 1990년대 말 단기간에 학교급식을 확대하는 과정에서 위탁급식이 허용되면서 우리나라의 위탁급식산업은 더욱 빠른 속도로 성장하였다.

이러한 위탁급식기업의 증가에 따라 2003년도에는 식품위생법 시행령의 업종의 종류 중 식품접객업의 하나로 '위탁급식영업'이 신설되었다. 이 법령에서 위탁급식영업은 "집단급식소를 설치 · 운영하는 자와의 계약에 의하여 그 집단급식소 내에서 음식류를 조리하여 제공하는 영업"으로 정의되어 있다.

국내의 위탁급식 전문업체는 식자재 가공 및 유통, 급식 컨설팅 등의 영역으로 관련 산업으로의 종단적 사업다각화 전략을 추진하고 있는데, 이는 미국의 위탁급식 전문업체들이 유니폼 관리 서비스, 시설 및 설비관리 서비스 등 급식과 연계되지는 않지만 고객이 동일한 기타 위탁 서비스 영역으로 횡단적 사업다각화를 꾀하여 온 것과는 대조적이다.

3. 급식산업의 구성

급식산업은 영유아시설 급식, 학교 급식, 군대 급식, 대학 급식, 산업체 급식과 같이 생애주기에 따른 급식 분야와 병원 급식, 사회복지시설 급식, 교정시설 급식과 같이 특수한 니즈needs에 따른 급식 분야로 구성되어 있다.

표 3-1 급식산업의 구성

<table>
<tr><th colspan="2">급식대상</th><th>생애주기에 따른 급식 분야</th><th colspan="3">특수한 니즈에 따른 급식 분야</th></tr>
<tr><td rowspan="2">어린이</td><td>영유아</td><td>영유아시설
(어린이집, 유치원) 급식</td><td rowspan="4">병원
급식</td><td rowspan="4">사회복지시설
(아동복지시설, 노인복지시설, 장애인복지시설) 급식</td><td rowspan="4">교정
시설
급식</td></tr>
<tr><td>학령기 아동
및
청소년</td><td>학교 급식</td></tr>
<tr><td colspan="2">성인</td><td>군대 급식
대학 급식
산업체 급식</td></tr>
<tr><td colspan="2">노인</td><td></td></tr>
</table>

이렇듯 급식산업은 다양한 구성 분야로 이루어져 있는데, 50명 이상을 급식하는 집단급식소산업체의 경우 100인 이상을 급식하는 집단급식소는 식품위생법에 따라 영양사를 고용해야 하며, 이러한 급식소의 영양사는 급식경영자로서의 역할과 책임을 갖는다. 급식경영의 기본 원리는 이러한 다양한 분야의 급식에 전반적으로 적용될 수 있지만, 유능한 급식경영자가 되기 위해서는 급식 분야별 기본적인 현황 및 특수성에 관한 지식 또한 갖추어야 한다.

1) 영유아시설 급식

(1) 어린이집 급식

맞벌이 부부와 핵가족이 증가함에 따른 초등학교 취학 전 영유아를 위한 보육시설인 어린이집이 증가하고 있다. 2016년 기준으로 전국적으로 약 4만 1,000여 개소의 어린이집이 운영되고 있는데, 이 중 가정어린이집이 약 2만여 개소로 가장 많고, 다음으로 민간어린이집이 1만 4,000여 개소로 많이 운영되고 있다. 수요가 많은 국공립어린이집의 경우 그 수가 꾸준히 증가하고 있기는 하나 아직 3,000개소에 못 미치는 시설이 운영되고 있다. 이 외에 사회복지법인어린이집, 직장어린이집 등이 있다. 어린이집을 이용하는 아동의 수는 약 150만 명으로 집계되고 있다.

24시간 보육을 제공하는 어린이집의 경우, 저녁 급식을 제공하기도 하나, 대부분의 어린이집은 오전 · 오후 간식 각 1회와 점심 급식을 제공한다. 영유아보육법에 따르면 100인 이상을 급식하는 어린이집의 경우 영양사를 고용해야 하나, 5개 시설까지는 공동영양사를 고용해도 된다. 그러나 이러한 공동영양사의 직무범위에 대한 명확한 규정이 없어 제도적 개선이 시급하다. 100인 미만을 급식하는 어린이집의 경우, 거의 대부분 영양사를 고용하고 있지 않고 원장 등의 교사가 급식경영을 총괄하는 경우가 대부분이다. 이러한 어린이집들은 각 지방자치단체별로 설치 · 운영되고 있는 어린이급식관리지원센터 소속 영양사로부터 급식관리를 지원받고 있다.

(2) 유치원 급식

과거 유치원은 취학 직전의 아동들에게 1년간 교육을 제공하는 기관이었으나, 현재의 유치원은 보다 어린 유아들에게도 교육을 제공한다. 2016년 기준으로 전국적으로 약 9,000개의 유치원이 운영되고 있는데, 국립 · 단설 · 병설을 포함한 국공립유치원과 사립유치원이 각 약 50%를 차지하고 있다. 유치원을 이용하는 원아는 약 70만 명으로 집계되고 있다.

유아교육법에 근거하여 유치원은 급식을 제공하는데, 유치원 급식의 경우 어린이집 급식에 비하여 그 제도적 · 법적 체계가 미흡한 상황이다. 유치원 급식은 학교급식과 마찬가지고 교육부가 관장함에도 불구하고, 어린이 급식 분야 중 관리체계가 가장 미흡한 분야이다.

유아교육법에 따르면 100인 이상을 급식하는 유치원의 경우 영양사를 고용해야 하나, 어린이집과 마찬가지로 5개 시설까지는 공동영양사를 고용할 수 있다. 그러나 이러한 공동영양사의 직무 범위에 대한 명확한 규정이 마련되어 있지 않은 제도적 미흡 때문에 지난 몇 년간 공동영양사들이 직무 유기로 고발 조치된 사례들이 있다. 이에 관련 규정의 마련이 시급한 상황이다.

2) 학교 급식

2016년 기준으로 우리나라에는 약 1만 1,000여 개의 초 · 중 · 고등학교에 약 590만

명의 학생들이 다니고 있다. 2003년부터 전국의 모든 학교에서 점심 급식을 제공하고 있으며, 일부 학교는 저녁 급식을 제공하기도 하고, 기숙형 학교의 경우 아침 급식과 저녁 급식도 제공하고 있다.

학교 급식은 1953년 국제기구의 원조로 일부 학교에서 빵 급식으로 시작되었고 이후 1981년에 급식 분야 중 최초이자 유일한 급식법인 학교급식법이 제정됨으로써 그 제도적 기틀이 마련되었다. 학교 급식은 직영으로만 운영되어 오다가 1996년에 개정된 학교급식법에 따라 위탁급식이 허용되어 한때는 전체 급식학교 중 약 15%에 달하는 학교가 위탁급식을 실시하였다. 그러나 2000년대 초 위탁급식으로 운영되던 몇몇 학교에서 대형 식중독 사고가 발생하였고, 2006년에 전면 개정된 학교급식법에 따라 학교 급식의 위탁이 원칙적으로 금지되었다.

학교 급식은 영양교사나 영양사가 경영하며, 학교 급식의 전 과정은 나이스National Education Information System, NEIS로 불리는 교육행정정보시스템을 이용하여 관리된다. 영양교사는 학교 급식 영양관리기준에 따라 학교 급식을 제공한다.

3) 대학 급식

대학교도 학교이나 대학교에서 이루어지는 급식은 학교 급식과는 구분되는 것이 일반적이다. 대학 급식은 학생식당과 기숙사식당 등에서 제공되는 급식을 포함한다. 대학 급식의 고객인 대학생들은 산업체 급식의 근로자와 같은 성인이지만 경제적으로 독립하지 않은 경우가 많으므로 대학 급식에서는 상대적으로 저렴한 단가의 급식이 제공된다.

4) 산업체 급식

산업체 급식에는 사무실, 공장, 관공서, 연수원 급식 등이 포함된다. 산업체 급식은 급식산업에서 가장 큰 비중을 차지하며 타 급식 분야에 비해 위탁운영되는 비율이 높은 편이다. 1967년부터 50인 이상에게 식사를 제공하는 급식소의 경우 영양사를 의무적으로 채용하도록 하였으나, IMF 이후 2000년에 기업의 부담을 덜어주기 위해 산업체 급식의 영양사 의무고용이 폐지되고 자율고용 형태로 바뀌었다가

2015년부터 100인 이상에게 급식하는 산업체 급식소의 경우 영양사의 고용이 의무화 되었다.

산업체 급식은 산업체의 운영 특성에 따라 급식의 횟수가 달라지게 된다. 일반 사무직을 대상으로 하는 급식소의 경우 보통 1일 1식 또는 1일 2식을 실시하며, 회사 내에 기숙사가 있는 경우 아침 식사도 제공한다. 야근자나 교대 근무자가 있는 산업체의 경우 1일 2식, 1일 3식, 1일 4식 등 급식횟수가 다양하다. 방송국이나 유통업체 등 연중 무휴로 운영하는 경우 급식도 365일 진행되어야 하는데, 최근 주 5일 근무제가 도입되면서 급식도 주 5일만 운영되고 있는 경우가 많다.

산업체 급식은 업체의 특성상 근무자의 연령층이 다양하고 업무 강도가 각기 다르므로 영양소 필요량 산정 시 이 점을 주의 깊게 고려해야 한다. 과거에는 회사 출근 후에 대부분 식사를 구내식당에서 하는 경우가 많았으나 최근에는 회사 주변에 다양한 형태의 외식업체들이 생겨나면서 급식대상자들의 선택권이 확장되었다. 이로 인해 급식 계획 시 식수 예측을 하기가 더욱 힘들어져 급식운영에 어려움이 따르고 있다. 최근 산업체 급식소 고객들의 건강에 대한 관심이 높아짐에 따라 건강식단에 대한 니즈 또한 증가하고 있다. 모든 급식 분야에서 마케팅이 중요하지만, 산업체 급식의 유능한 경영자가 되기 위해서는 급식마케팅에 대한 이해와 활용이 더욱 필수적이다.

5) 병원 급식

병원 급식은 주로 입원 환자들의 질병 치료 및 회복을 지원하는 것을 목적으로 제공된다. 주로 환자식일반식과 치료식이 병원 급식의 주 대상이지만, 직원들을 위한 직원식과 방문객, 외래환자를 위한 급식 등을 병원 급식의 일부로 보기도 한다. 치료식으로는 당뇨식, 저염식, 무염식, 멸균식 등을 포함한 다양한 종류가 있는데, 다품종 소량 생산의 특성을 갖는다. 병원 급식은 학교 급식이나 산업체 급식과 달리 고객환자 개개인의 병실로 운반, 배식된다는 특수성을 가지고 있다.

병원 영양부서의 업무는 크게 급식관리와 영양관리로 분류된다. 급식관리는 환자에게 제공할 식사를 계획하고 생산 · 관리하는 부문이다. 영양관리는 환자의 건강 및 영양상태를 평가한 후 이를 기초로 하여 영양관리 계획을 수립 · 실행하는 부문으로, 환자에게 영양교육 및 상담 등의 방법을 통해 환자의 영양상태를 개선시키는 업무를 담당하고 있다.

'임상영양사'는 2010년 3월 공포된 국민영양관리법에 근거하여 2012년 3월부터 영양사 세부 직능군 중 최초로 국가공인자격이 되었다. 영양사 실무경력이 1년 이상이고 보건복지부가 임상영양사 양성교육기관으로 지정한 대학원을 수료해야 임상영양사 자격시험에 응시할 수 있다.

대부분 병원에서는 급식영양위원회 또는 급식관리위원회라는 심의기구의료진, 영양사, 간호사 등 영양 관련 부서로 구성에서 결정된 식사처방 지침서에 준하여 식사를 제공하고 있다. 환자의 식사 섭취율을 높이기 위해서는 식사 회진, 식사 만족도 조사, 기호도 조사, 잔반량 조사 등을 실시하여 식단 작성 시 환자의 요구를 최대한 반영해야 한다. 치료식의 경우 처방된 내용과 식사원칙대로 음식의 무게 및 양념의 사용 등 정확하게 조리되었는지에 대해 철저히 감독하는 것이 중요하다.

6) 사회복지시설 급식

(1) 아동복지시설 급식

아동복지시설로는 지역아동센터, 보육원예전의 고아원과 같은 아동양육시설, 아동일시보소시설, 아동보호치료시설, 공동생활가정, 자립지원시설 등이 있다. 이 중 전국적으로 4,000여 개소에 달하는 지역아동센터에서는 학기 중 석식, 방학 중 중식과 석식을 급식한다. 아동복지법에서는 50인 이상의 아동에게 급식을 제공하는 시설에 한하여 영양사 고용 의무를 규정하고 있고, 대부분의 지역아동센터는 30인 미만의 아동들이 이용하므로, 지역아동센터 급식의 경영자는 영양사가 아닌 경우가 대부분이다. 지방자치단체별로 설치운영되고 있는 어린이급식관리지원센터에 이렇듯 영양사가 없는 지역아동센터의 급식관리를 지원해 주기도 한다.

(2) 노인복지시설 급식

우리나라는 2001년에 65세 이상 노인 인구가 7%를 넘어 고령화사회에, 그리고 2017년에 이러한 비율이 14%을 넘어 고령사회에 진입하였다. 이에 따라 노인복지시설의 수도 증가하고 있다. 노인복지시설로는 양로원 · 복지주택 등의 노인주거복지시설, 노인요양시설 · 노인전문병원 등의 노인의료복지시설, 노인복지회관 · 경로당 · 노인휴양소 등의 노인여가복지시설, 주간보호시설 · 단기보호시설 등의 재가노인복지시설 등이 있다. 2016년 기준, 전국적으로 400여 개소의 노인주거복지시설, 5,000여 개소의 노인의료복지시설, 6만 6,000여 개소의 노인여가복지시설약 6만 5,000여 개소의 경로당 포함 등이 있다.

노인복지시설의 급식은 시설 입소노인을 위한 급식과 재가노인을 위한 급식으로 구분할 수 있다. 시설 입소노인을 위한 급식은 노인주거복지시설 또는 재가노인복지시설 중 단기보호시설, 노인의료복지시설 등에서 무료, 유료로 제공되고 있다. 노인의료복지시설에서 제공되는 급식은 병원 급식의 치료식과 유사한 특성을 가진 급식이다.

재가노인을 위한 급식은 시설 입소노인을 제외한 지역사회의 모든 노인을 대상으로 하며 회합 급식 프로그램congregate meals program, 가정배달 급식 프로그램Meals on Wheels, MOW(home-delivered meals program으로 구분된다. 회합 급식 프로그램은 주로 사회복지관, 사회복지법인이 주체가 되어 운영되는데, 점심을 거르는 노인을 대상으로 공원이나 영세민 밀집 지역에서 무료로 점심을 제공하는 경로식당 급식과 가족의 보호가 불가능하여 하루 동안 시설에 입소한 노인을 대상으로 점심을 제공하는 주간보호시설 급식 등이 실시되고 있다. 가정배달 급식 프로그램은 영국에서 1939년 시작된 Meals on Wheels 프로그램을 모델로 하였으며, 우리나라에서는 노령 · 질병으로 거동이 불편한 재가노인을 위해 일주일에 2~3회 정도 밑반찬을 배달해 주는 밑반찬 서비스 위주로 실시되고 있으며, 시 · 군 · 구의 지원 또는 후원금으로 운영되는 경우가 대부분이다.

PART 2

급식소 내부고객관리

제2부에서는 급식소의 내부고객인 종사원의 관리, 즉 급식소 인적자원관리를 다룬다. 제4장과 제5장 '급식소 인적자원관리의 기초'는 급식소 종사원의 확보, 개발, 보상, 유지과정에서 급식경영자로서 알아야 기초적인 지식을 담고 있다. 제6장은 '급식경영자의 리더십과 의사결정'을 제7장은 '급식소 종사원의 동기부여와 의사소통'을 기초적인 경영학 이론을 중심으로 설명하였다.

CHAPTER 4

급식소 인적자원관리의 기초 : 종사원의 확보와 개발

1. 급식소 인적자원의 확보관리 | 2. 급식소 인적자원의 개발관리

CHAPTER 4

인적자원관리는 모든 조직의 경영에서 중요하지만, 특히 급식소에서의 종사원관리는 경영의 성공과 실패에 매우 큰 영향을 미친다. 본 장에서는 인적자원관리의 주요 기능인 인적자원의 확보, 개발, 보상, 유지 중 '확보'와 '개발'에 대하여 기초적인 이론과 실행방법을 중심으로 설명하였다.

급식산업은 여러 자원 중 인력을 우선으로 하는 인력 중심 산업이라고 할 수 있다. 식품제조·가공업에서는 대부분의 작업이 기계에 의해서 수행되는 데 비해 급식산업에서는 최종산출물인 음식과 서비스의 생산과 분배가 대부분 인적자원에 의해 수행된다. 급식소 인적자원관리란 급식조직을 시스템의 개념에서 파악하고 급식조직의 목표를 달성할 수 있도록 급식 인적자원을 확보, 개발, 보상 및 유지하고자 계획하며 조직, 지휘, 조정, 통제하는 과정이다.

인적자원관리의 주요 기능에 따른 내용과 핵심활동은 표 4-1과 같다. 첫째, 인적자원 확보관리는 조직에 필요한 인적자원의 종류와 수를 확보하는 과정으로 인력계획, 직무분석, 직무설계, 모집, 선발, 배치 등이 해당되며, 둘째, 인적자원 개발관리는 교육·훈련을 통한 직무기술을 개발하는 과정으로 교육, 훈련, 코칭, 경력 개발, 조직문화 개발 등이 포함된다. 셋째, 인적자원 보상관리는 직무수행 결과에 따른 대가를 제공하는 과정으로 직무평가, 임금, 복리후생 등이 해당되고, 넷째, 인적자원 유지관리는 유능한 인적자원을 유지하는 과정으로 인사고과, 인사이동, 시정조치, 징계, 안전·보건관리, 스트레스 관리 등이 포함된다.

표 4-1 인적자원관리의 주요 기능에 따른 내용과 핵심활동

주요 기능	내용	핵심활동
인적자원 확보	조직에 필요한 인적자원의 종류와 수의 확보	인력 계획, 직무분석, 모집 및 고용, 배치
인적자원 개발	훈련을 통한 직무기술 향상	교육·훈련, 코칭, 경력 개발
인적자원 보상	직무수행 결과에 따른 대가의 제공	임금 및 복리후생관리
인적자원 유지	유능한 인적자원의 유지	인사고과, 인사이동, 시정조치 및 징계관리, 안전·보건관리, 스트레스관리

1. 급식소 인적자원의 확보관리

급식소 인적자원의 확보관리란 급식조직에 필요한 인적자원의 종류와 인원수를 결정하고, 모집, 선발, 고용, 배치하는 전 과정이다. 급식조직에 필요한 인력을 확보

하기 위해서는 우선 직무분석과 직무설계가 정확하게 실행되어야 한다.

1) 직무분석과 직무설계

(1) 직무분석

직무분석job analysis이란 인적자원관리에 필요한 특정 직무에 대한 정보를 제공하고자 수행하는 것으로 내용목적 · 개요 · 방법 · 순서, 노동부담노동의 강도, 노동환경온도 · 환기 · 소음 · 습도 등, 위험재해화재 · 재해율 · 직업병, 조건체력 · 지식 · 경험 · 자격 · 개성, 결과책임직무를 수행하지 않았을 경우의 인적 · 물적 손해의 정도, 감독책임, 권한 등을 포함하여 분석한다.

직무분석의 방법은 직무의 특성이나 분석 기간에 따라 달라질 수 있으나 일반적으로 직무담당자에 의한 자기기입질문지법, 분석자에 의한 관찰법, 면접법 등으로 이루어진다표 4-2. 보통 질문지법과 면접법을 병행하여 종합적으로 분석하는 경우가 많다.

표 4-2 직무분석의 방법 및 특징

구분	특징
자기기입질문지법 (questionnaire method)	특정 직무를 수행하는 데 필요한 기능, 지식, 작업환경, 신체적 조건 등에 대한 설문지를 작성하여 직무담당자가 관련 항목을 직접 평가하도록 하는 방법으로 다양한 내용의 평가가 가능하고 다른 방법에 비해 시간과 비용이 절약된다. 반면 설문지 설계가 까다롭고 시간과 노력이 많이 소요된다.
관찰법 (observation method)	직무분석자가 특정 업무를 담당하는 종사원을 집중적으로 관찰함으로써 직무 내용과 특징을 알아내는 방법이다. 직무분석자가 관찰대상 직무에 대해 경험이나 이해가 풍부한 경우 직무 파악이 용이하나 주관적 견해가 유입될 수 있고 피상적 분석으로 그칠 경우가 있어 면접법이나 질문지법의 보조방법으로 많이 사용된다.
체험법 (empirical method)	직무분석자가 스스로 특정 직무를 수행하여 직무의 내용과 노동 강도를 파악함으로써 직무를 분석하는 방법이다. 이 방법은 직무분석자의 주관성이 개입되어 직무담당자의 입장에서 이해하기 곤란한 부분이 있을 수 있으나 직무에 대한 객관성을 부여하는 데는 문제가 없다.
면담법 (interview method)	직무담당자와의 면담을 통해 직무를 분석하는 방법으로 질문지법의 단점인 자의성을 배제할 수 있고 직무에 대한 경중도 쉽게 파악할 수 있다. 그러나 다양한 직무를 분석할 때에는 시간과 노력이 많이 소요된다.
종합법 (combined method)	직무에 따라 다양한 직무분석법을 병행하는 방법을 말한다. 각 직무분석법의 장 · 단점을 고려하여 직무의 특성이나 성질에 따라 적절한 방법을 혼합절충하여 실행한다.

직무분석을 통해 수집된 정보는 합리적인 인적자원 선발, 개발, 인사평가와 보상관리를 위한 기초자료로 활용된다. 직무분석은 우선 배경정보를 수집하고, 대표 직위를 선정한 후 그 직위에 해당되는 직무의 성격, 직무수행에 요구되는 행동, 인적요건 등의 직무정보를 획득하고 이 정보를 토대로 하여 직무기술서와 직무명세서를 작성한다.

직무기술서job description는 직무분석을 통해 획득한 직무에 관한 정보를 직무특성에 초점을 맞추어 정리한 문서를 말한다표 4-3, 표 4-4. 직무기술서의 내용에는 직무의 명칭, 직종, 주요 직무요약, 세부과업, 직무수행의 방법과 절차, 직무수행에 필요한 기기, 작업환경 등이 포함된다. 또한 직무명세서job specification는 직무를 성공적으로 수행하는 데 필요한 인적 요건을 명시한 문서로서 일반적으로 직무담당자에게 요구되는 교육수준, 지식, 기술수준, 정신적·육체적 능력, 적성, 성격, 흥미, 가치,

표 4-3 직무명세서를 포함한 직무기술서의 예(1)

지위	임상영양사
급여수준	연봉(₩)
직속상관	영양과장
명세서	영양사 면허증, 임상영양사 자격증, 3년 이상 병원 영양사 근무 경력 우대
직무기술	환자의 영양상태를 고려한 치료의 일환으로서의 식사공급을 담당하고 있으며 영양상담, 영양계획, 영양평가 등 전문적인 임상영양 서비스를 제공함
직무내용	• 환자식사 제공을 위한 계획 • 식사 제공에 필요한 인원 배치 • 환자의 영양공급이 제대로 이루어지고 있는지에 대한 평가 • 영양상 위험이 있는 환자의 평가 • 영양 제공 계획의 효과성 평가 • 1주에 2회 이상 병동환자식 순회 점검 및 지도, 상담 수행 • 매주 트레이 테스트 실시 • 조리종사원에 의한 식사 준비 감독 • 환자 만족도 조사 실시 및 관리 • 특정 질병 분야에 대한 영양교육자료 및 식사지침 개발 • 임상회의 참석 • 기타 병원에서 요구되는 임무수행
수정 날짜	2016년 11월 22일

자료 : Hudson(2000). 일부 수정.

태도, 직무경험 등이 포함된다.

표 4-4 직무명세서를 포함한 직무기술서의 예(2)

직무명	병동 배식종사원
담당부서	영양과
직속상관	영양사
근무시간	OO시간/주
직무요약	• 환자급식 및 위생관리를 포함한 영양부서의 업무 책임이 있음 • 단체급식 준비과정, 배선 및 병동 배식 관련 지식이 있어야 함
기본조건	• 종사원, 환자, 다른 고객과의 의사소통을 위해 한글을 읽고 쓸 수 있어야 함 • 식재료 무게 측정 및 계량에 대한 기본적 지식이 있어야 함 • 무경험자도 상관 없으나 단체급식에서 1년 이상 종사한 경험이 있는 경우 우대함
관련 자격증	요구되지 않음
필수직무	1. 작업계획서를 확인한다. 2. 배식을 위한 준비를 한다. • 10kg 정도의 트레이를 운반할 수 있어야 함 • 준비된 음식을 스팀 테이블에 옮겨야 함 (10kg 이상되는 음식 팬을 옮길 수 있어야 함) • 준비된 음식의 품질, 온도, 외형을 관찰하고 문제가 있을 시 영양사에게 보고해야 함(음식의 외형 관찰을 위해 시력에 문제가 없어야 하고 냄새에 민감해야 함) 3. 작업이 끝난 음식을 트레이라인에 옮겨야 함. 또한 적절한 기기 및 기구를 활용하여 각 음식을 1인분화(portion control)하여 식판에 음식을 담음 4. 세팅이 끝난 식판을 운반차에 실어야 함 5. 배선이 끝난 배선장소의 청소 또는 운반차를 각 병동에 배달함. 또한 배식이 끝난 후 운반차를 회수하여 세척실로 이동시킴 6. 창고에 식재료 적재를 수행함(1.5m 높이의 적재가 가능해야 하며, 5kg 무게의 상자를 들 수 있어야 함) 7. 담당하는 부분에 대해 청소상태를 매 시간 확인하고 부여된 작업에 필요한 기기를 작동시킴 8. 세척실을 담당할 경우 운반차나 필요 작업장소에 식기를 적재하거나 이동할 수 있어야 한다. 배식을 하기 전 식기의 위생상태를 확인 9. 운반차의 세척, 건조를 담당 10. 적합한 용도의 세제를 사용하여 세척실을 세척하고 소독 11. 작업장 내에서의 음식 및 음료섭취는 허락되지 않음

자료 : Puckette(1994). 일부 수정.

(2) 직무설계

직무설계job design는 직무담당자가 수행해야 하는 과업과 책임범위를 결정하는 과정으로 작업자의 능력, 미래의 인력수급 가능성, 조직 내 직무 간의 상호작용, 생산성 및 종사원의 직무만족도 등을 고려하여 계획한다.

직무설계과정에서 과업들을 어떻게 조직화하느냐에 따라 직무수행의 효율성과 담당 작업자들의 직무만족도가 결정되며 적절한 직무설계를 통하여 종사원 차원에서는 직무만족 증대, 이직 및 결근율 감소 등을 기대할 수 있으며 조직 차원에서 급식생산성 향상, 급식의 품질 향상과 원가절감, 종사원 훈련비용의 감소, 새로운 기술 도입에 대한 신속한 적응 등의 효과를 꾀할 수 있다.

직무설계방법 중 개인수준의 직무설계방법으로는 직무단순화, 직무확대, 직무충실화 등이 있으며 집단수준의 직무설계방법으로는 직무순환, 직무교차 등이 있다.

① 직무단순화(job simplification)

직무를 세분화하여 작고 간단한 과업들로 구성하고 작업절차를 표준화 · 단순화하여 전문화된 과업에 종사원을 배치하는 전략이다.

② 직무확대(job enlargement)

종사원이 수행하는 직무의 범위를 종류 면에서 또는 양적으로 증가시켜 종사원이 가지고 있는 능력을 보다 많이 활용하는 전략으로 작업의 단조로움, 노동 소외를 감소시켜 직무에 대한 권태감을 줄일 수 있다.

③ 직무충실화(job enrichment)

종사원이 수행하는 과업의 수적 증가뿐만 아니라 직무에 대한 통제범위를 증가시키는 수평적 업무 추가 및 수직적 책임부여방법으로 종사원이 가지고 있는 판단력이나 창의력을 활용할 수 있도록 직무의 내용을 질적으로 변화시켜 그들의 성취감을 높일 수 있는 방법이다.

④ 직무특성이론(job characteristics model)

직무특성이론은 직무충실화에서 발전된 이론으로 직무를 구성하는 5가지의 특성기술의 다양성, 과업의 정체성, 과업의 중요성, 자율성, 피드백이 많을수록 직무의 수행력과 직무만족도가 높아진다고 하였다. 이때 기술의 다양성은 직무를 수행하는 데 있어서 직무담당자의 기능과 재능이 어느 정도 요구되는지의 정도를 의미하며, 과업의 정체성은 직무담당자가 현재 담당하는 직무수행 시 예상되는 결과와의 관계를 인식할 수 있는 정도, 과업의 중요성은 직무담당자가 현재 수행하고 있는 직무가 다른 사람들의 직무 또는 전체 작업의 완성에 영향을 미치는 정도, 자율성은 직무담당자가 작업의 일정과 방법 등을 결정하는 데 부여된 자유재량권의 정도, 마지막으로 피드백은 직무담당자가 자신이 수행한 일의 성과에 대한 정보를 획득할 수 있는 정도를 의미한다.

해크만과 올덤Hackman & Oldham(1975)은 직무특성이론을 검증하기 위해 직무진단조사설문지Job Diagnostic Survey, JDS를 개발하였고 직무의 동기유발점수[Motivating Potential Score, MPS=(다양성 · 정체성 · 중요성)/3×자율성×피드백]를 측정하였다. 그 결과 MPS가 낮은 종사원은 동기유발 가능성을 높이기 위해 다음과 같은 직무의 재설계가 필요하다고 하였다.

- 분리된 과업을 결합하여 기술의 다양성과 과업의 정체성을 향상시킨다.
- 고객과 접촉할 수 있는 관계를 수립하여 과업의 정체성, 자율성, 피드백을 높인다.
- 권한을 위임하여 자율성을 높인다.
- 피드백 경로를 개발하여 그 수준을 높인다.

⑤ 직무순환(job rotation)

배치 전환에 조직의 유연성을 높이기 위한 방법의 하나로 종사원의 직무영역을 변경시켜 다방면의 경험, 지식 등을 쌓게 하는 방법이다. 이를 통해 종사원이 직무에 대해 느낄 수 있는 단조로움을 방지하고 종사원으로 하여금 각 직무 상호 간의 유기적 관계를 이해하도록 함으로써 각 부문 간 협력을 촉진할 수 있다. 또한 관리능력이나 전문능력을 향상시키기 위한 과정으로서도 의미 있는 직무설계전략이다.

⑥ 직무교차(overlap workplace)

급식조직 내 각 종사원의 직무의 일부분을 다른 종사원의 직무와 중복되게 하여 직무의 중복된 부분을 다른 종사원과 공동으로 수행하게 하는 직무설계방식이다.

직무교차는 집단을 대상으로 수평적 직무확대를 실시한 것으로 종사원 간에 상호협동을 제고시키는 효과가 있고, 직무수행의 단조로움을 감소시키며 종사원의 기능의 폭을 넓힐 수 있다. 그러나 종사원 간에 교차된 직무를 소홀히 하게 되면 문제가 발생될 수 있으므로 교차된 직무수행에 대해서는 두 종사원이 함께 책임지도록 한다.

2) 모집 및 선발

경제상황이나 급식조직의 경영상황 등에 따른 인적자원의 필요성을 사전에 예측하여 연간 직급별 채용 예정인원을 산정한다. 이때 관련 법규를 고려하여 공정고용을 위한 법의 테두리 내에서 확보관리 계획 수립이 필요하다.

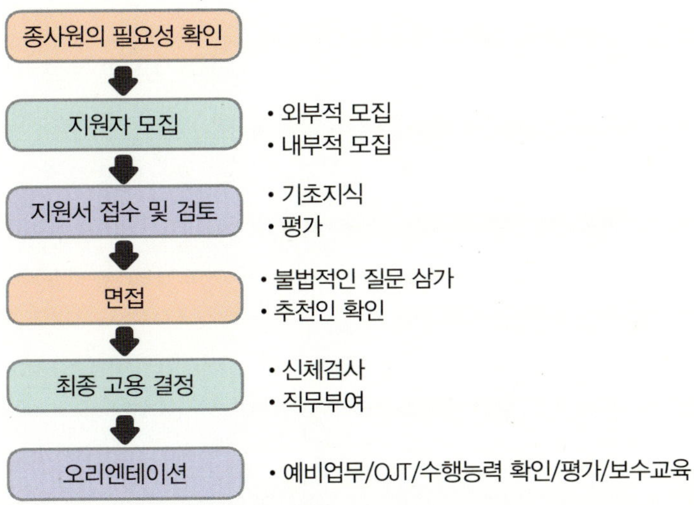

그림 4-1 인적자원관리의 절차

(1) 지원자 모집

모집은 해당 직무에 적합한 자격을 갖춘 인력을 유치하는 과정으로 급식조직 내부 및 외부로부터 이루어질 수 있다.

① 내부모집

조직 내부에서 적절한 사람을 추천하여 채용하는 것으로 승진, 배치 전환, 직무 순환 방식으로 조직 내부에서 조정하거나 사내공모제도, 급식소에서 근무한 경험이 있는 퇴직자 또는 휴직자를 재고용하는 방법 등을 활용한다. 위탁급식업체에서 신규사업으로 외식업을 시작하고자 할 때 급식소 지점 영양사들 중에서 외식업장 매니저를 사내모집하는 경우, 본사의 위생팀원을 사내공모를 통해 모집하는 경우 등이 있으며 내부모집을 하는 경우는 모집비용 절감, 조직구성원에 대한 승진 기회 제공, 조직 및 직무에 대한 친숙도가 높은 직원의 채용 및 배치가 가능한 장점이 있다.

② 외부모집

보통 기업체의 영양사의 경우 신문이나 취업포털사이트, 자사 인터넷 홈페이지 등을 통해 구인광고를 게재하여 공개모집하고, 조리사나 조리원의 경우 관련 교육·훈련기관이나 직업소개소의 추천, 지역신문 구인광고 등을 통해서 외부모집한다.

구인광고에는 모집하는 직종이나 직위에 해당하는 직무기술서 및 직무명세서를 참고하여 선발대상자의 직무와 책임, 자격조건, 작업환경 등을 간략하게 서술한다. 대학교 관련 학과나 관련 교육·훈련기관의 추천을 통해 급식종사원을 구인하는 경우는 신문이나 인터넷 공고를 통해 구인하는 경우보다 급식소에서 필요로 하는 능

표 4-5 내부모집과 외부모집방법의 특징

구분		특징	
내부 모집	• 승진 • 배치전환 • 직무순환	장점	• 모집과 훈련의 비용 및 시간 절감 • 검증된 인재 채용 • 동기부여 효과 • 재직자의 직장 안전성 제공
		단점	• 유능한 인재 선발의 제한 가능성 • 조직 내부 이동의 연쇄효과로 인한 혼란 야기 • 채용 공정성 논란 가능성
외부 모집	일반 구인광고	장점	• 새로운 아이디어와 견해 유입 • 연쇄효과로 인한 혼란 방지
		단점	• 시간 및 충원비용 소요 • 선발점수와 입사 후 성과 간의 불일치 가능성 • 조직 적응시간 소요

력을 갖춘 종사원의 채용에 유리하다. 최근 일부 위탁급식업체에서는 인턴십 제도를 통해 신규인력을 채용하고 있다.

(2) 선발

모집 마감 후 지원자를 대상으로 직무수행에 필요한 자격요건과 관련 지식과 기술을 구비하였는지를 검토하고 지원자 간에 비교 평가 후 최종 선발자를 결정하는 단계이다.

① 지원 및 서류검토 단계

지원서는 고용절차상 매우 유용한 수단이 된다. 지원서에는 보통 이름, 주소, 연락처, 생년월일, 학력 및 경력, 자격증 소지 여부 등을 기입하게 한다. 지원서의 검토 단계에서 지원자 중 면접대상자를 신중하게 선발한다.

② 선발시험 및 면접 단계

영양사 채용 시 급식조직의 특성에 따라 1차로 필기시험을 보고 필기시험 합격자에 한해서 면접시험을 보는 경우도 있다. 학교에서 영양교사를 채용하는 경우가 대표적인 경우이다. 지원자의 기초적인 정보는 입사지원서를 통해서 알 수 있지만 면접은 지원서에 작성한 내용 이상으로 많은 정보를 얻을 수 있는 기회이다. 특히, 면접은 지원자 선발과정의 타당성을 높일 수 있는 방법이므로 철저한 준비를 통해 효과적으로 진행될 수 있도록 계획한다.

보통 면접은 형식에 따라 정형화된 질문과 표준화된 채점지침으로 정보를 얻는 구조적 면접structured interview과 정형화된 질문과 표준화된 채점지침 없이 면접관이 지원자에게 자유롭게 질문을 하도록 설계된 비구조적 면접unstructured interview으로 나눌 수 있으며 각 면접법의 장 · 단점을 고려하여 선발과정에서 면접을 2회 이상 실시하는 경우 1차 면접은 구조화된 면접으로 2차 면접이나 최종면접은 비구조화된 면접으로 실시하기도 한다.

개인면접은 일대일, 다대일로 한 사람의 지원자에게 한 명 또는 여러 명의 면접관이 질문하는 형태이고, 이에 반해 집단면접은 여러 명의 지원자를 동시에 평가하는 방법으로 최근에는 지원자 5~8명을 한 집단으로 구성하여 면접관들이 특정한 주제를 제시하고 이에 대한 지원자 간의 토론을 관찰하며 평가하는 집단면접을 많은 기업에서 도입하고 있다.

면접관은 질문 시 예 혹은 아니오로 밖에 대답할 수 없는 폐쇄형 질문이나 유도성 질문, 정치적으로 민감한 질문이나, 너무 추상적이고 관념적 혹은 성차별적이고 감정적인 질문 등은 지양하도록 한다. 가능하면 개방형 질문을 통해 지원자의 생각이나 가치관, 신념 등을 평가할 수 있도록 한다.

바람직한 면접질문의 예

- 본인이 생각하는 자신의 장점은?
- 우리 회사에 지원하게 된 이유는?
- 우리 회사가 귀하를 채용해야 하는 이유는?
- 지금까지 생활하면서 가장 어려웠던 일은 무엇이며 어떻게 극복하였는가?
- 자신이 일한 만큼 상사에게 좋은 평가를 받지 못했을 때 어떻게 할 것인가?

면접관은 지원자의 일에 대한 열정이나 다양한 사회경험, 경력, 인간관계기술, 융화단결력 등을 파악할 수 있는 적절한 질문을 구성하여 면접을 진행하도록 한다. 면접을 마칠 때에는 지원자에게 질문이나 하고 싶은 말이 있는지 다시 한 번 물어보고 합격 여부 통지 일정과 방법을 설명한 후 면접을 마무리한다.

면접 종료 후 면접관은 지원자의 업무에 관련된 지식, 기술, 경험 등을 바탕으로 면접 시의 태도 및 답변내용, 일에 대한 관심 정도와 발전 가능성 등을 종합적으로 평가하여 면접 결과를 기록한다.

③ 인 · 적성검사

지원자가 특정한 활동에 대하여 얼마만큼 적합한 자질과 능력을 가지고 있는가를 측정하는 검사로 면접과 동시에 실시하거나 면접 전에 실시하여 면접대상자를 선발하기도 한다. 급식관리자 선발 시에 인성과 적성검사를 같이 실시하기도 하고 인성검사만 실시하기도 하며, 경력직 채용의 경우에는 인 · 적성검사를 생략하기도 한다.

인 · 적성검사 결과는 인적자원 선발 및 배치 계획 수립과 교육 · 훈련 계획 수립

시 활용되며, 인 · 적성이 적합한 인력을 선발함으로써 조직문화의 발전뿐만 아니라 종사원 이직률 저하를 통한 유능한 인적자원 확보에도 효과가 있다.

④ 신체검사 및 최종 고용 결정 단계

최종적으로 고용을 결정하기 전에 지원자가 직무가 요구하는 신체요건에 적합한지를 판정하기 위해 신체검사를 실시한다. 식품위생법 제40조 제4항에 따른 시행규칙 제50조에 의하면 제1군감염병콜레라, 장티푸스, 파라티푸스, 세균성이질, 장출혈성대장균감염증, A형 간염 등, 결핵, 전염성 피부질환이 있는 사람은 급식소에 근무할 수가 없으므로 이 항목을 위주로 신체검사를 실시하고 이외에도 신체검사를 통하여 해당 직무를 수행하는 데 지장이 없을 정도로 심신이 건강한지를 판정한다. 신체검사 결과가 적합하다면 최종적으로 고용이 확정된다. 급식조리원이나 인턴종사원의 채용 시에는 보건증 제출 등으로 신체검사를 대신하기도 한다.

⑤ 오리엔테이션

오리엔테이션은 급식종사원 선발과정의 가장 마지막 단계이자 인적자원의 개발관리의 첫 단계로 신입 종사원이 빠른 시간 내에 급식조직에 적응하고 효율적으로 담당 업무를 수행할 수 있도록 사전에 담당 직무 관련 정보를 미리 제공할 목적으로 수행한다.

많은 연구에서 신규 종사원에 대한 오리엔테이션의 부족은 종사원의 직무만족도를 저하시키고 이직률을 높인다고 하였다. 특히, 신규 종사원에게는 입사해서 처음 한 달이 매우 중요하기 때문에 실무를 시작하기 전에 오리엔테이션을 통해 업무에 혼선이 생기지 않도록 하고, 조직에 잘 적응할 수 있도록 지도해야 한다.

보통 신규 종사원에게는 급식소, 급식소 내 규칙, 직무 등 세 가지 분야에 대한 오리엔테이션이 필요하다. 표 4-6은 신규 급식종사원에 대한 오리엔테이션 내용의 예이다.

표 4-6 신규 급식종사원 오리엔테이션 내용

구분	교육내용
급식조직 관련	급식소의 목적 및 목표, 급식소 운영방법(메뉴의 형태, 배식방법, 운영시간 등), 조직도 등
급식소 내 규칙	복장 규정, 출근 규정, 휴가 및 휴식시간, 병가 및 비상연락망, 임금과 복리후생제도, 종사원이 지켜야 할 행동지침 등
직무 관련	작업계획, 작업시간, 직무기술서와 직무명세서, 급식소 교육 · 훈련 프로그램, 종사원 안전사고 예방과 대처방법, 직무평가방법 등

2. 급식소 인적자원의 개발관리

급식종사원 교육 · 훈련은 직무에 관련된 업무를 적절히 수행하게 하는 방법 중 가장 효과적인 방법이라고 할 수 있다. 특정 업무에 대해 적절하게 구성된 교육 · 훈련 프로그램은 생산성과 품질수준, 안전의식을 향상시킬 수 있고 급식소 종사원 전체의 사기를 고취시킬 수 있다.

효과적인 교육 · 훈련 프로그램의 첫 번째 단계는 특정 업무에서 가장 중요한 것은 무엇인지 결정하는 것이며, 두 번째 단계는 훈련과정 중 평가되어야 할 수행업무의 기준을 결정하는 것이다. 이 단계들은 급식소 특징과 업무에 따라서 다양하게 결정된다. 그러나 평가항목에는 행동과 과정에 관련된 항목이 모두 포함되어야 한다. 또한 교육 · 훈련의 목표와 결과가 구체적으로 무엇인지를 파악하여 객관적인 평가가 가능하도록 교육 · 훈련 계획을 수립해야 한다.

1) 급식종사원 교육 · 훈련 계획 시 고려사항

(1) 교육대상자의 특성 파악

교육 · 훈련을 진행할 때에는 교육대상자의 연령, 근무경력, 교육수준, 담당업무 등 다양한 특성을 파악해야 한다. 동일한 교육내용에 대해서 습득하는 속도가 다르므로 교육대상자에게 적합한 교육 주제, 교육 매체와 교육방법을 선정해야 한다.

(2) 교육내용의 분량 및 시간

한 번에 너무 많은 양의 내용을 교육하는 것은 교육의 효과를 저하시킬 수 있다. 따라서 1회 교육시간은 40~50분 정도로 구성하고 1회 교육내용으로 너무 많은 내용을 포함하지 않도록 주의한다. 교육시간이 너무 오래 지속되면 집중력이 떨어지므로 교육 중간에 휴식시간을 주도록 하고 휴식시간을 이용하여 간단한 다과나 차를 준비하는 것도 좋은 방법이다.

(3) 교육환경

종사원이 편안하고 자유로운 분위기에서 교육에 집중할 수 있도록 환경을 조성한다. 교육장소로는 급식시설 중 소음이 없는 조용한 곳을 선택하고 교육시간은 교육대상 종사원 모두 근무에 지장이 없는 시간으로 정한다.

2) 급식종사원 교육 · 훈련의 분류와 방법

급식종사원 교육 · 훈련은 수행 장소에 따라 직장 내 훈련과 직장 외 훈련으로 분류하고, 교육대상자에 따라 시간제사원, 인턴사원, 신입사원, 중간간부, 경영진 교육으로 분류하거나 급식관리자 혹은 조리종사원 교육 · 훈련 등 직군에 따라 분류할 수 있다.

급식종사원 교육 · 훈련을 위한 방법으로는 강의 외에 시연demonstration, 사례연구case study, 역할극role play, 그림자 교육shadow, 교차훈련, 컴퓨터 이용 학습computer-assisted instruction, 서류함기법in-Basket 등이 있다.

(1) 직장 내 훈련

직장 내 훈련On the Job Training, OJT은 급식소 종사원 직무기술교육에 가장 많이 활용된다. 급식소 내부에서 수행되는 교육으로 주로 직무와 연관된 지식과 기술을 직속 상관으로부터 직접 훈련받는 방법이다. OJT는 근무환경에서 진행되므로 현실적이고 경제적이며 교육자와 교육대상자의 실시간 의사소통이 가능하고 교육내용의 빠른 습득을 기대할 수 있으며, 교육 결과도 즉각적으로 확인 가능하다. 특히, 신규 종사원 교육에 매우 효과적이다. 그러나 다수의 종사원을 대상으로 동시에 진행하기는 어려우며 훈련자인 직속 상관이 전문적인 지식이나 기술이 부족한 경우 훈련 효과가 저하될 수 있고, 교육훈련과정에서의 직무수행의 지장을 초래할 수 있다는 단점이 있다. OJT 교육 시에는 교육내용에 교육대상자의 직무명세서상의 업무가 포함될 수 있도록 계획하고 체계적인 교육 · 훈련을 위해 OJT 체크리스트 등을 사전에 개발하여 진행하면 효과적이다.

OJT 수행을 위한 '설명하기/보여 주기/수행하기/복습하기'의 15단계

- **설명하기**

1) 신규종사원에게 설명을 할 때에는 그의 기술 정도를 참작하여 적절한 언어를 구사해야 한다.
2) 종사원이 배워야 할 직무 중 어떤 점을 이미 알고 있는지 파악한다.
3) 직무를 수행하기 위한 단계와 그 직무를 수행하는 목적을 설명한다.

- **보여 주기**

4) 순서에 따라 해야 할 직무에 대해서 직무를 수행하는 방법과 더욱 효과적으로 행하는 기술 등의 설명을 덧붙여 실제 시범을 보인다.
5) 종사원이 그 임무를 완전히 이해할 수 있도록 속도를 조절해 가며 지도한다.
6) 명확하고 완벽하게 임무를 지도한다.
7) 종사원에게 질문을 많이 하도록 유도한다.

- **수행하기**

8) 종사원이 스스로 그 임무를 수행해 보도록 한다.
9) 정확하고 구체적인 피드백을 자주 하도록 한다.
10) 실수가 있을 때에는 흥분하지 말고 긍정적이고 친절한 방법으로 바로잡아 준다.
11) 잘했으면 칭찬을 하고 용기를 북돋아 준다.
12) 종사원이 주의를 기울이고, 생각할 수 있도록 적절한 질문을 한다. 또한 하고 있는 일이 잘 되고 있는지에 대한 질문도 빠뜨리지 않는다.
   - 이런 방식으로 일을 한 이유가 무엇이지요?
   - 만약 ○○○된다면 무슨 일이 일어날까요?
   - 만약 ○○○상황이라면 어떻게 하겠어요?

- **복습하기**

13) 종사원에게 "무엇을, 어떻게, 왜" 등의 직무에 대한 질문을 계속함으로써 복습을 할 수 있도록 한다.
14) 종사원이 교육 이외에 필요한 질문을 할 수 있도록 유도한다.
15) 종사원이 일을 능숙하게 하는 데 협력적이고 격려하는 자세를 갖도록 한다.

(2) 직장 외 훈련

직장 외 훈련Off the Job Training, Off-JT은 직장 외부에서 진행되는 교육·훈련으로 종사원이 일정기간 동안 교육에만 전념할 수 있는 파견교육, 외부 교육기관 위탁교육, 해외 연수 등이 있다. OJT의 단점을 보완할 수 있고 다수의 종사원을 대상으로 동시에 전문적인 직무내용에 대한 교육·훈련을 진행할 수 있으며 해당 분야 전문가에 의한 교육·훈련을 통해 종사원이 전문지식이나 기술을 빠른 시일 내에 습득할 수 있으나 교육·훈련기간 동안의 공백으로 업무에 지장을 줄 수 있고, 훈련 비용이 많이 소요되는 단점이 있다.

(3) 급식종사원 교육·훈련방법

① 강의

급식종사원 훈련이나 교육과정에서 강의식 수업이 필요한 경우가 있다. 식품위생이나 안전관리교육을 위한 집단교육이나 HACCP 팀장이나 HACCP 실무자교육 등의 전문적인 직무내용에 대한 교육·훈련을 진행할 때에는 해당 분야의 전문가에 의한 강의를 진행하는 것이 좋다.

② 시연

시연demonstration방법에서는 교육자가 종사원에게 어떻게 직무를 수행하는지에 대한 기술과 과정을 보여 준다. 시연은 기본적인 과정과 특별히 수행 표준이 필요한 업무를 가르치는 데 사용한다. 시연은 강의설명하기－실연보여 주기－수행하기종사원 수행－강의복습하기과정으로 진행한다. 시연은 소규모 인원을 교육할 때 효과적이며, 종사원이 수행하는 과정에서 잘못된 부분은 즉시 수정해주고, 종사원이 완전히 숙지할 수 있도록 교육 중 충분한 연습시간을 주는 것이 좋다. 시연이 끝나면 종사원은 교육자의 감독하에 직무를 설명하고 수행할 수 있어야 하며, 직무수행 시에 교육·훈련을 통해 습득한 지식과 기술을 적용할 수 있어야 한다.

③ 사례연구

사례연구case study는 실제 일어났던 사건을 제시하여 종사원들로 하여금 상황을 분석하고 토론하게 함으로써 해결방안을 찾아내는 교육방법으로 급식소에서 일어날 수 있는 유사한 상황에 대한 사례분석을 통해 무엇이 잘못된 점인지, 같은 상황이 급식소에서 발생했을 때의 적절한 대처방안은 무엇인지 등을 종사원과 토론하면서 교육을 진행한다.

④ 역할극

역할극role play이란 특정상황에서 대사나 줄거리를 정하지 않고 연기하는 사람의 자발성과 창조성에 따라 진행하는 훈련방법이다. 예를 들어, 고객과 배식종사원 역할을 설정하여 배식 시 불만 고객에 대한 종사원의 적절한 대처상황에 대한 역할극을 진행할 수 있다. 역할극은 종사원의 기술을 연습해 보는 좋은 기회가 되고 동료나 교육자로부터 직무교육이나 지도를 받을 때 유용하게 쓰인다. 급식관리자나 배식종사원, 급식대상자의 역할은 훈련에 참석한 모든 종사원이 돌아가면서 역할을 해보도록 구성하면 더욱 효과적이다. 각 역할극이 끝나면 역할극에 참여하지 않은 종사원들에게 어떤 부분이 좋았다고 생각하는지, 더 좋은 대처방법이 있는지 등을 질문해보고 중요한 사항에 대한 의견이 없을 때는 교육자가 중요한 사항을 덧붙여 설명해준다.

⑤ 그림자 교육

그림자 교육shadow에는 두 가지 방법이 있다. 한 가지는 신규종사원이 경험자를 따라다니는 것이고, 다른 한 가지는 경험자가 신규종사원을 따라다니는 것이다. 일반적으로 신규종사원이 처음 들어온 며칠 동안 같은 시간대에 일을 하는 경험자를 따라다니게 하는 것이 좋은 방법이다. 신규종사원이 경험자의 일을 어느 정도 배운 것으로 판단되면 역할을 바꾸게 할 수 있다. 이처럼 경험자가 신규종사원을 따라다니며 일을 가르쳐 주는 것은 2~12개월까지 다양하게 기간을 정하여 수행할 수 있다.

⑥ 교차훈련

교차훈련은 기존 종사원을 훈련시키는 좋은 방법으로 종사원들에게 다른 분야의 종사원이 가질 수 있는 문제점을 체험할 수 있게 한다. 이를 통하여 종사원들이 다른 종사원의 업무를 이해함으로써 결과적으로는 급식소를 좀 더 효율적으로 운영하고 고객들에게도 더 나은 서비스를 제공할 수 있게 된다.

⑦ 컴퓨터 이용학습

컴퓨터 이용학습Computer-Assisted Instruction, CAI이란 컴퓨터를 활용한 교육방법으로 교육내용에 따른 컴퓨터 프로그램에 따라 설명, 설문, 학습자의 해답평가 등을 수행하는 것을 말한다. 컴퓨터 이용학습을 실시할 경우 교육의 일관성을 유지할 수 있기 때문에 표준화된 과정이 필요한 교육을 시킬 때 매우 유용하고, 교육대상자의 능력에 맞게 교육속도를 조절할 수 있으며, 교육대상자가 원하는 시간을 선택하여 교육을 받을 수 있으므로 편리하다. 하지만 교육자료를 개발하는 데 비용과 시간이 많이 소요된다.

급식소에서 컴퓨터 이용학습을 실시할 경우 개인 교육 이후 종사원이 모두 모이는 회의시간 등을 이용하여 컴퓨터상에서 학습했던 주제들에 대해서 다같이 의견을 나누는 시간을 갖는 것이 효과적이다. 이와 같은 과정을 거치면서 종사원의 문제해결능력이나 의사결정능력을 더욱 향상시킬 수 있다.

⑧ 서류함기법

서류함기법in-basket은 고위 경영자를 대상으로 한정된 시간 내에 서류를 처리하도록 하여 의사결정능력, 처리한 일의 정도, 유연성 등을 평가하는 검사도구로 급식관리자 교육 · 훈련에도 사용될 수 있다. 실제 업무 중심의 참여식 문제해결교육방법으로 가상의 상황을 실제와 유사하게 만들어 훈련 참가자를 여러 가지 업무 관련 자료에 노출시킨 후 이를 활용하여 정해진 시간 내에 문제를 해결하게 하는 것이다. 급식관리자의 일상에서 일어날 수 있는 유사한 상황을 설정하고 결재서류를 인바스켓미결함에 넣어 두면 학습자급식관리자는 미결서류에 대해 차례로 의사결정을 하여 아웃바스켓기결함으로 옮기는 형식으로, 비교적 단시간30~40분에 다량20~30종의 서류를 처리하게 함으로써 독해력, 문제분석능력, 판단력, 결단력 등을 높이고자 하는 훈련기법이다.

⑨ 감수성훈련

감수성훈련은 보통 5~12명 정도의 소집단을 구성하여 여러 날을 함께 지내면서 진행한다. 주로 업무 지식의 전달보다는 서로의 태도와 감정을 공유할 수 있는 인간성 개발에 목표를 둔 훈련방법으로, 훈련집단에서 체험한 경험을 통해 개인의 성장과 태도 변화뿐만 아니라 개인 간, 조직부서 간의 상호 이해의 증진 등을 통해 팀워크를 향상시킬 수 있다.

⑩ 메타버스 활용 교육

메타버스란 가상과 초월을 의미하는 '메타meta'와 세계 · 우주를 뜻하는 '유니버스universe'의 합성어로 가상현실보다 한 단계 더 나아가 사회 · 경제적 활동까지 이뤄지는 온라인 공간을 의미한다. 메타버스는 체화된 인터넷embodied internet이라고 하며, 인터넷상에서는 정보를 단지 보고 들을 수 있었다면, 메타버스 공간에서는 물질세계와 가상 현실을 연결하고 공유되고 지속되는 인터넷 공간에서 사용자의 경험을 서로 연결할 수 있다.

메타버스에 기반을 둔 교육은 실시간 화상수업이나 비실시간 콘텐츠 기반 교육의 단점을 보완하여 교육대상자의 참여도를 높이고, 교육의 실재감과 주도성을 높일 수 있는 교육 환경을 제공해줄 수 있다. 여러 기업에서는 종사원 교육과 상담뿐만 아니라 기업의 마케팅 도구로도 메타버스를 다양하게 활용하고 있다. 위드코로나 시대에 메타버스를 활용한 교육은 더욱 활발히 진행될 것으로 예상된다.

3) 종사원 코칭

종사원 교육 · 훈련 목적은 업무수행능력을 향상시키고자 하는 것이다. 따라서 종사원 교육 · 훈련 후에는 관리자에 의한 적절한 코칭coaching이 수반되어야 한다. 코칭은 보통 두 부분으로 나누어질 수 있다. 한 가지는 종사원의 수행을 관찰하는 것이고, 또 한 가지는 종사원과 관리자가 직무수행에 관해 의견을 나누는 것이다. 종사원과 관리자의 의견교환은 실제 작업수행에 대한 평가를 바탕으로 잘된 업무수행에 대해서는 강화를 통하여 더욱 잘할 수 있도록 격려를 하고 잘못된 점은 바로잡아서 수행력을 높이려는 데 그 목적이 있다.

코칭이 종사원에게 바람직한 효과가 많음에도 불구하고 급식관리자는 종사원이 각자 직무를 잘 수행하고 있을 것으로 판단하거나 때로는 코칭이 필요하지 않다고 생각하거나 종사원이 필요하면 먼저 질문할 것이라고 생각하고, 때로는 종사원의 직무수행에 대해 직접 종사원과 이야기하는 것이 불편하다는 등의 여러 가지 이유로 코칭방법을 많이 사용하지 않는다.

그러나 관리자의 코칭은 종사원의 업무수행과정에 필요한 도움과 피드백을 줄 수 있기 때문에 급식관리자는 코칭의 목적을 잘 이해하여 종사원 교육 · 훈련의 연장이라고 생각하고 이를 적극 활용해야 한다.

코칭은 크게 두 단계로 진행할 수 있다. 코칭의 첫 번째 단계는 종사원이 일하는 것을 관찰하는 것이다. 만약 종사원이 일을 잘 하고 있다면, 그것에 대한 칭찬을 아끼지 말아야 한다. 칭찬을 통해 동기부여가 되므로 가능하면 자주, 특히 동료들 앞에서 일을 잘하고 있는 것에 대해 구체적으로 칭찬하도록 한다. 그리고 수행의 결과와 효과에 대해서 정확하게 설명해주고, 관리자로서 종사원에게 감사의 인사를 전하며, 인사기록카드에 기록하도록 한다.

반대로 만약 종사원이 잘못된 행동을 한다면 수행기준과 실제 수행수준의 차이를 정확하게 파악하고, 그 차이가 발생되는 이유를 종사원과 함께 점검해본다. 종사원이 수행기준, 수행목적 등을 정확하게 알고 있는지 또는 종사원의 업무수행에 장애요인이 있는지 등을 파악한 후 적절한 조치를 한다.

코칭의 두 번째 단계는 종사원과의 의견 교류를 통하여 종사원의 수행 오류를 바로잡는 것이다. 이 단계의 목적은 수행 오류를 비평하는 것이 아니라 향상하기 위한 것이므로 먼저 종사원이 그 상황을 어떻게 판단하고 있는지 이야기를 들어본 후 급식관리자는 문제행동에 대해서 객관적이고 구체적으로 설명해주고 종사원과 함께 해결방안을 상의해본다. 종사원이 해답을 바로 찾을 수 없는 경우라면 급식관리자가 의견을 제시해 주는 것이 좋다. 또한 급식관리자가 종사원이 정확하게 직무를 수행할 수 있도록 적극 도와줄 것을 약속하고, 종사원에게 믿음을 주면서 마무리한다.

CHAPTER

5

급식소 인적자원관리의 기초 : 종사원의 보상과 유지

1. 급식소 인적자원의 보상관리 | 2. 급식소 인적자원의 유지관리

CHAPTER

5

급식소 인적자원관리의 주요 기능에서 종사원의 확보와 개발 못지않게 중요한 기능이 '보상'과 '유지'이다. 본 장에서는 급식소의 경영자가 이러한 보상과 유지관리를 위해 알아야 하는 기본적인 지식으로 직무평가, 보상, 복리후생, 인사고과, 노사관계 등에 관하여 설명하였다.

1. 급식소 인적자원의 보상관리

인적자원 보상관리는 직무수행 결과에 따른 대가를 제공하는 과정으로 직무평가, 임금관리, 복리후생관리 등이 이에 해당한다.

1) 직무평가

직무평가는 직무의 중요성, 위험성, 책임성, 난이성 등을 평가하여 급식조직의 목적을 달성하기 위해 구성된 각 직무의 중요도와 공헌도를 포함한 상대적 가치를 체계적으로 결정하는 절차를 말한다. 숙련도교육 정도, 경력, 노력정신적 · 육체적 노력, 책임대인적 · 대물적 책임, 작업조건위험도 등의 직무평가의 요소는 급식조직 내의 공정한 임금구조를 위한 기준을 결정하는 데 쓰인다. 직무평가는 직무분석을 기초로 하여 이루어지며 직무평가의 방법에는 비계량적 평가방법인 서열법과 분류법, 계량적 평가방법인 점수법과 요소비교법 등이 있다.

(1) 서열법

각 직무의 중요도와 장점에 따라 순서를 정하여 평가하는 방법으로 간단하지만 직무가 많은 경우에는 측정이 어려우며 평가자의 주관적 판단에 의해 일관된 기준 마련이 어렵다.

(2) 분류법

직무에 필요한 숙련도, 지식, 책임감 등을 주관적으로 판단하여 미리 정해놓은 직무의 등급기준표에 따라 직무를 평가하는 방법이다. 이 방법도 간단하고 이해하기 쉽지만 직무의 등급 분류기준이 명확하지 않을 경우 문제가 될 수 있고 다양한 직무를 평가하는 데에는 한계가 있다.

(3) 점수법

각 직무를 평가요소별로 분류하여 점수화하고 그 점수를 합산하여 직무의 가치를 결정하는 방법이다. 직무의 상대적 차이를 비교적 쉽게 평가한 경우에는 최종 점수를 근거로 임금비율을 정할 수 있으나 평가요소의 선정뿐만 아니라 평가요소 간의 비중과 점수를 배분하는 데 전문성이 요구되므로 시간과 비용이 많이 소요된다는 것이 단점이다.

(4) 요소비교법

평가의 표준이 될 수 있는 기준직무key job를 선정하여 이를 평가한 후 타 직무를 기준직무와 비교하여 임금비율을 결정하는 방법으로 점수법과 함께 가장 많이 이용된다. 이 방법은 평가기준이 구체적이고 명확하여 비교가 쉬우나 기준직무를 선정하거나 임금비율을 기준요소별로 배분하는 것이 용이하지 않고, 기준직무의 내용이 변경될 경우 전체 직무를 다시 평가해야 하는 문제가 있다.

2) 종사원을 위한 보상 및 복리후생관리

종사원에 대한 보상 프로그램은 인적자원관리부에서 관리하는 것이 일반적이나 소규모 급식소에서는 급식관리자에 의해서 종사원 보상관리가 이루어진다. 급식소에서 이용할 수 있는 보상에는 임금이나 복리후생과 같은 전통적 보상방식뿐만 아니라 수행도에 따른 보상, 종사원 참여 프로그램 등의 새로운 보상방식 등이 있다.

(1) 임금

임금은 종사원이 노동력을 제공하고 받는 경제적 보상을 말하며 종사원들을 위한 보상으로 가장 많이 이용한다. 임금은 업무수행 평가 결과에 의해 직접적인 영향을 받으며 조직의 내부와 외부의 환경에 의해서도 영향을 받는다. 외부적으로는 최저임금제도 등의 법률 통제, 경제적 상황, 노동시장의 수급상황, 동일 산업 내 임금수준 등이 임금결정에 영향을 준다. 내부적 요소에는 조직의 이윤수준, 가산수준, 직무평가 결과 등이 포함된다. 포괄적 의미에서 임금은 기본급, 기준 외 임금, 상여금으로 나눌 수 있다.

- 기본급 : 임금과 봉급에 준하는 기본 급여로 상여금이나 퇴직금 등 임금체계를 결정하는 기본이 된다. 기본급은 연공급, 직무급, 직능급, 성과급, 시간급 등으로 분류할 수 있다표 5-1.
- 기준 외 임금 : 기본급 이외에 이를 보충하는 형식으로 근로조건에 따라 지급되는 것으로 자격수당, 통근수당, 의료비 지원 등이 포함된다.
- 상여금 : 맡은 직무 이외에 부가적인 일을 해냈을 때 정기적으로 또는 일회성으로 급여를 올려주는 금전적 보상을 말한다. 급식소에서도 직무수행 정도에 따라 금전적 보상을 실시하는 경우가 많은데, 실제로 여러 연구에서 관리자나 종사원 모두 직무성과에 따른 금전적 보상을 받았을 때 직무만족도와 생산성이 향상되고 동기부여가 강화된다고 하였다.

표 5-1 기본급의 분류

구분	정의 및 특징
연공급	개개인의 학력, 자격, 연령 등을 감안하여 근속연수에 따라 임금수준을 결정하는 임금체계로 근속연수가 많아짐에 따라 기준급 또는 단위임금률이 높아짐
직무급	직무평가에 의하여 평가된 담당직무의 상대적 가치에 따라 개별 임금을 결정하는 방식으로 연령, 근속연수 등의 연공에 상관없이 부가가치가 높고 힘든 직무를 담당하는 경우 그만큼 임금도 높아짐
직능급	종업원의 직무수행능력에 초점을 두어 직무에 공헌할 수 있는 능력을 기초로 임금을 책정하는 방식으로 종사원의 능력개발이 직능 등급 상승으로 이어져 종사원의 자기계발에 대한 욕구를 높일 수 있으며, 직위보상과 급여보상의 구분으로 보상기회가 확대되고 기존의 획일적 보상에서 벗어나 보상의 개별화로 능력에 맞는 처우가 가능함
성과급	종사원 개인이나 소속 집단이 수행한 작업의 성과에 따라 임금을 계산하여 지불하는 방식으로 성과급이 공정성을 확보하면서 적용될 경우 종사원의 동기부여, 근로의욕 향상을 통해 조직의 성과 증진에 기여할 수 있음
시간급	종업원의 작업량이나 작업성과에 관계없이 단순히 근로시간에 따라 임금을 산출하고 지급하는 방식

(2) 복리후생

복리후생은 경영자가 종사자에게 의료보험, 운동, 교육비 보조 등의 혜택을 제공하는 간접적 보상이라고 할 수 있다. 복리후생제도는 보통 법정 복리후생제도와 비법정 복리후생제도로 나눌 수 있다. 법정 복리후생제도는 법률에 따라 기업이 의무적으로 종사원과 그의 부양가족에게 제공하는 복리후생제도로 건강보험, 연금보험, 산재보험, 고용보험이 포함된다. 비법정 복리후생제도는 급식조직에 따라 다양한 종류가 있다. 그 예로는 자녀교육비 및 경조사비 지원, 주택자금 보조, 휴양시설 이용, 사내 보육시설 이용, 복지비 지원, 교통비 및 급식비 지원 등이 있다. 급식관리자는 조직에서 제공하고 있는 복리후생제도를 잘 파악하여 급식종사원들이 복리후생제도의 혜택을 받을 수 있도록 정보를 제공하는 역할을 해야 한다.

(3) 급식종사원을 위한 새로운 보상제도

임금이나 복리후생 등의 보상제도는 급식관리자가 직접적으로 결정하기 어려운 보상제도이다. 그러나 종사원의 급식매뉴얼 수행수준이 우수하거나, 급식소 운영에 도움이 될 수 있는 제안을 했을 때, 친절 사원으로 급식대상자에게 칭찬받았을 때 등 급식관리자가 종사원에게 즉각적인 보상을 제공하는 것이 필요한 경우가 있다. 이와 같은 경우에는 급식관리자가 종사원에게 칭찬하거나 감사편지를 전달하고 또는 급식소 게시판에 공식적으로 칭찬하거나 가능하면 일정액의 특별 상여금 또는 선물 등의 물질적 보상을 제공하는 등의 보상방법을 적용할 수 있다.

여러 가지 보상방법 중 급식관리자의 진심 어린 칭찬은 급식종사원에게 쉽게 사용할 수 있는 보상방법이다. 칭찬은 종사원의 지식, 기술, 태도 등을 변화시키고 또 긍정적 방향으로 정착할 수 있도록 도와준다. 특히, 동료들이나 급식대상자들 앞에서 공개적으로 칭찬할 경우 그 효과가 더욱 증대된다. 칭찬할 때는 어떤 일을 잘했는지 구체적으로 칭찬하는 것이 좋고, 그 일이 급식소 운영에 미치는 긍정적인 효과를 설명해 주며 감사의 뜻을 전하도록 한다. 마지막으로 인사기록카드에도 기록을 남긴다. 또한 '이달의 종사원'이나 '이달의 친절사원' 등의 상을 수여하는 것도 좋은 보상방법인데, 이와 같은 방법을 사용하고자 할 때는 선정기준을 명확하게 만든 후 종사원에게 사전에 공지하도록 한다.

2. 급식소 인적자원의 유지관리

인사고과 시스템은 특정 기간의 종사원 업무수행에 대한 피드백을 제공하는 지속적인 방법이다. 인사고과가 정확하고 공정하게 이루어진다면 종사원의 직무만족이 향상되고 동기부여도 강화될 것이다. 또한 인사고과 결과는 종사원의 임금 인상이나 인사이동을 위한 기초자료로 사용된다. 또한 계획적이고 공평한 인사고과는 종사원 간, 종사원과 관리자 간의 관계를 개선하고 의사소통을 향상시킬 수 있다. 궁극적으로 올바른 인사고과 시스템의 적용은 종사원의 결근이나 이직률을 최소화하는 동시에 종사원의 사기와 생산성을 촉진하는 데 도움을 준다.

1) 인사고과

인사고과performance appraisal, employee rating는 종사원의 태도, 적성, 근무성적 등을 객관적으로 판단하기 위하여 개인의 특성traits, 자격personal qualification, 근무태도 등의 상대적 가치를 사실에 입각하여 체계적으로 평가하는 절차이다. 직무평가는 직무와 직무 간의 비교평가이나 인사고과는 직무와 직무담당자의 비교 평가라는 차이가 있다. 인사고과 결과는 인적자원관리의 주요 부분인 인사이동, 임금관리, 교육·훈련을 위한 자료 등으로 활용한다.

(1) 인사고과의 목적

- 인사고과는 인사이동을 위한 주요한 자료가 된다. 신입사원 선발 후 최초로 인사배치되는 경우를 제외하고 그 이후의 모든 인사이동 시 종사원의 적성과 능력을 고려하여 적재적소에 종사원을 배치할 수 있는 자료로 제공한다.
- 인사고과의 결과는 성과급 지급 등의 임금관리를 위한 타당한 근거를 제공할 수 있다.
- 직무 및 조직 개선에 활용할 수 있다. 인사고과를 통해 개인의 직무평가뿐만 아니라 조직관계, 업무흐름, 직무분담, 작업조건 개선을 위한 정보를 획득할 수 있다.

- 인사고과는 채용관리 개선을 위한 유용한 정보를 제공한다. 인사고과 결과를 채용평가 결과와 정기적으로 비교함으로써 향후 종사원의 채용기준과 전체적인 채용제도의 개선을 위한 근거자료로 활용할 수 있다.
- 종사원 교육 · 훈련 및 개발을 위한 주요한 자료가 된다. 인사고과를 통해 종사원의 각 직무에 대한 실적을 바탕으로 어떤 능력이 부족하고 또 능력을 잘 발휘하지 못하는 원인 등을 파악하여 이를 종사원 교육 · 훈련 및 경력개발을 위한 자료로 활용한다.

(2) 인사고과의 절차

① 직무수행기준평가서 개발

인사고과의 첫 번째 단계는 평가를 위한 수행기준을 마련하는 것이다. 수행기준은 수행에 대한 수용 정도를 정하는 것으로 직무를 위주로 하고, 관찰과 측정이 가능해야 한다. 평가기준에는 '충분한', '적절한', '~ 정도' 등의 애매한 표현은 사용하지 않는다. 즉, 종사원을 평가하기 위한 직무수행기준은 구체적으로 묘사하여 평가자가 혼동하지 않도록 작성한다.

급식소의 특성에 따라 직무를 완수하는 데 필요한 의사소통능력, 협동심 등 개인적 특성을 평가하기도 한다. 그러나 이와 같은 개인적인 특성을 평가하는 기준도 측정 가능하고 관찰이 가능하도록 구체적이고 정량적으로 만들어야 한다.

수행평가서는 평가자나 종사원 모두 이해하기 쉽고 수용 가능하도록 만들어야 한다. 또한 신규종사원을 대상으로 한 오리엔테이션에서 수행평가에 대해서 설명해주고 필요시 평가기준과 방법은 정기적으로 수정 · 보완하도록 한다.

② 인사고과방법 결정 및 실시

급식소 종사원의 태도, 적성, 근무성적 등을 객관적으로 평가하기 위한 방법에는 체크리스트법, 도식척도법, 서열법, 자유서술법, 주요사건기술법, 행동기준평가법, 목표관리법, 강제할당법, 인적평정센터법 등이 있다. 인사고과방법은 급식소 운영특성에 따라 한 가지 혹은 몇 가지 방법을 병행하여 적용하기도 한다. 또한 평가자들은 종사원평가 시 오류가 발생하지 않도록 주의해야 하며 급식관리자는 종사원에 대한 정확하고 공정한 평가를 위해서 매일 일어난 일들에 대해서 일지 등에 상세히 작성해두는 것이 좋다.

- 체크리스트법checklist method, 대조법 : 종사원의 직무태도, 능력, 업무성과와 관련된 표준을 제시하여 수행 여부를 점검하는 방법으로 질문마다 가중치를 배정하여 평가 결과를 계량화하기도 한다.
- 평가척도법graphic rating scale method, 도식척도법 : 직무수행에 필요한 종사원의 능력, 특성 등을 사전에 정해놓은 단계적 척도로 평가하는 방법으로, 평가요소를 간단히 기술하고 척도의 각 단계를 설명하여 평가요소와 척도 단계에 대한 평가자의 이해도를 높여 평가 결과의 정확도와 신뢰도를 증가시킬 수 있다. 그러나 평가요소의 선정과 서열자료의 점수화가 어려우며 평가자의 주관적 판단으로 인한 오류가 발생할 수 있다는 단점이 있다.
- 서열법ranking method : 종사원의 수행력에 대하여 순위를 매기는 방법으로 평가대상자들을 서로 비교하여 순위를 정하면서 평가한다. 서열법에는 평가요소별로 서열을 정해 이것을 종합평가하는 단순서열법straight ranking method, 가장 우수한 사람과 가장 열등한 사람을 우선적으로 정하고 나머지 사람들 중에서 다시 우수한 사람과 열등한 사람을 분류하는 교대서열법alternative ranking method, 상호서열법, 두 사람씩 쌍을 지어 비교하면서 서열을 정하는 일조비교법paired comparision method 등이 있다. 서열법은 평가받을 대상이 많은 경우 사용하기 어렵고, 순위가 종사원의 조직에 대한 공헌도를 상세하게 반영하지는 못한다는 단점이 있다.
- 자유서술법essay method : 종사원의 업무성과와 행동특성을 중심으로 평가자가 평가대상자에 대해 자유롭게 기술하는 방법이다. 이 방법은 평가대상자를 자세히 설명할 수는 있으나 평가자의 서술방법에 따라 평가내용에 많은 차이가 발생할 수 있으며 평가대상자 간의 평가 결과에 대한 비교가 어렵다는 단점이 있다.
- 주요사건기술법critical incident method, 특정사실기술법 : 조직목표 달성의 성패에 영향이 큰 주요 사건을 중점적으로 기록하는 방법으로 평가자는 종사원의 행동을 바람직한 것, 바람직하지 못한 것 등으로 구분하여 기록한다.

- 행동기준평가법behaviorally anchored rating scales, BARS : 성과와 관련이 높은 기능이나 지식을 추출한 다음, 이를 이상적 행위와 부족한 행위로 다차원 척도화하고, 평가자가 평가대상자의 행위와 가장 유사한 행위사례를 찾아 정해진 평가척도에 따라 평가하는 방법으로 평가척도법과 주요사건기술법을 혼용한 형태이다. 이 방법은 직무요건을 설명하는 항목으로 평가하게 되므로 평가자가 추론하면서 평가하지 않아도 된다. 그러나 성과와 관련이 높은 기능이나 지식을 추출한 다음 이를 이상적 행위와 부족한 행위로 다차원 척도화하는 과정이 쉽지 않다는 단점이 있다. 또한 과학적인 방법으로 설계하였다고 해도 평가척도법과 유사한 평가상의 오류가 발생할 수 있다.
- 목표관리법management by objective, MBO : 종사원과 관리자가 협의하에 목표를 설정하고 작업목표량을 결정하며 이에 대한 성과를 함께 측정하고 고과하는 결과지향적 인사고과 방법이다. 이 방법은 종사원 개인 역할과 성과를 명확히 하고 인사고과의 공정성과 수용성을 제고하는 데 도움이 된다.
- 강제할당법forced choice method : 평가척도법도식척도법에서 나타날 수 있는 관대화 경향이나 중심화 경향 등의 오류를 줄이기 위하여 사용되는 방법으로 미리 정해놓은 등급 비율에 맞추어 종사원을 평가하는 방법이다.
- 인적평정센터법human assessment center, HAC : 조직 내 관리자의 역량이 중요한 이슈로 대두됨에 따라 중간관리자의 고과방법의 하나로 개발되었다. 평가대상자들을 며칠간 함께 합숙시키면서 각종 의사결정게임, 토의, 심리검사 등 다양한 활동에 참여시키고 이 과정을 여러 명의 인사고과자와 심리학 전문가 등이 복수로 평가하는 방법이다.

위와 같이 상급자가 하급자를 평가하는 하향식 평가방법 외에도 최근에는 많은 조직에서 다면평가일명 360도 평가를 도입하고 있다. 이는 상급자에 의한 평가 이외에도 자기평가, 동료평가, 고객평가, 하급자에 의한 상향식 평가, 외부기관이나 전문가에 의한 평가 등으로 평가대상자를 다각도로 평가하는 방법이다. 기존의 인사고과 결과가 임금결정이나 인사이동 등에 활용되었다면 다면평가 결과는 평가대상자에게 피드백하여 자기개발을 하도록 독려하는 목적으로 이용하는 것이 바람직하다.

한편, 평가자들이 다양한 평가방식으로 종사원을 평가하는 과정에서 오류가 발생할 수 있다. 따라서 평가자들은 평가자에게 나타날 수 있는 다음의 오류에 대해서 올바로 인식하고 평가 시 유의해야 한다.

- 주관적 평가subjective evaluation : 평가자의 태도나 인식, 편견, 감정 등에 따라 종사원에 대한 평가가 바뀔 수 있는 오류이다.
- 현혹 효과halo effect : 종사원의 특정한 평가항목에 대한 수행도가 높은 경우 다른 항목의 평가도 높게 영향을 주는 오류이다. 예를 들어 조리원의 근태가 좋은 경우 조리 실력도 좋다고 평가하는 경우이다. 반대 개념으로 한 부분에 대한 평가가 낮은 경우 다른 부분에 대한 평가도 낮게 하는 혼효과horns effect가 있다.
- 중심화 경향error of center tendency : 평가자가 종사원에 대한 극단적인 평가를 피하려는 심리적인 현상에서 발생하는 오류이다.
- 관대화 경향leniency error : 평가자가 인사고과의 결과로 발생되는 종사원들과의 불편한 상황을 꺼려 종사원을 실제보다 높게 평가하는 오류이다. 반대 개념으로 종사원을 지나치게 낮게 평가하는 엄격화 오류severity error가 있다.
- 유사성 오류similar-to-me error : 평가자 자신의 가치관, 행동, 태도, 속성 등이 비슷한 평가대상에게 더 후한 평가를 하는 오류이다.
- 논리오차logical error : 인사고과 요소간에 논리적인 상관성이 있는 경우에 한 가지 요소에 대한 평가 결과가 우수한 경우 다른 요소도 그러하다고 평가하는 오류이다. 예를 들어 조리기술과 생산량은 상관성이 있는 고과요소인데 조리기술에 대한 평가 점수가 높은 조리종사원의 생산량을 제대로 확인하지 않고 임의로 높게 평가하는 오류가 이에 해당한다.
- 최근 수행에 따른 오류regency error : 평가자가 종사원의 가장 최근의 행동만을 기초로 전체적인 평가를 내리는 오류이다.

인사고과 시에 평가자의 오류를 줄이기 위해서는 평가자에게 훈련기회를 제공하거나 평가자가 제대로 평가하는지를 평가하는 등의 평가자 자질 개선을 위한 노력이 필요하다.

③ 인사고과 면담

인사고과평가가 완료되면 인사고과 면담시간을 마련하도록 한다. 인사고과 면담은 종사원의 업무능력을 향상시키고 조직에 대한 확신을 갖게 하며 종사원을 격려하고 도와줄 수 있는 시간이다. 그러나 인사고과 실시 목적이 주로 임금협상이므로 바람직한 인사고과 면담이 실시되지 못하는 경우가 많다. 따라서 인사고과가 실제 업무수행에 관련된 평가와 임금 인상을 결정하는 평가 등으로 나누어 실시되고 이에 따라 인사고과 면담도 구분하여 실시되는 것이 이상적이다.

인사고과 및 인사고과 면담 전에 그 절차와 방법을 종사원에게 미리 설명해주고, 인사고과가 종료된 후 조용하고 편안한 분위기의 장소를 선정하여 면담을 실시한다. 면담 이전에 종사원에게 평가 결과를 복사해주고 자신의 생각을 정리할 시간을 주는 것도 좋고, 면담 시작 시에 면담의 목적을 종사원에게 설명해주고, 수행평가 결과를 검토하도록 한다. 좋은 평가 결과는 칭찬해주고, 개선이 필요한 부분은 구체적인 개선방법을 함께 논의한다. 평가 결과에 종사원이 불만을 갖는 경우에는 그 이유가 무엇인지 경청하고 평가과정의 오류는 없는지도 검토한다. 인사고과 면담이 끝난 후에는 종사원과 급식관리자 모두 평가서에 서명하고, 종사원이 급식소 운영에 얼마나 중요한 역할을 하는지 등을 다시 한 번 인식시키면서 면담을 마무리하도록 한다. 인사고과 면담 후에는 인사고과 결과를 종합하여 인사이동을 실시한다.

2) 인사이동

인사고과 또는 종사원의 수행평가 결과를 기준으로 여러 종류의 인사이동이 이루어진다. 인사이동은 조직의 일정한 규칙 속에 담당직무의 위치가 변동되는 것을 말하며 적재적소 원칙, 실력주의 원칙, 인재육성 원칙, 균형주의 원칙에 따라 유능한 인적자원 양성과 종사원의 동기부여의 목적으로 행해진다. 인사이동의 방법은 승진, 전직, 이직, 징계 등으로 나눌 수 있다.

(1) 승진

승진promotion은 상향적 수직이동으로서 현재보다 상위의 직위로 이동되는 것을 의미한다. 승진함에 따라 권한, 책임, 의무가 확대되고 승진 전에 비해 상대적으로 많은 지식과 기술이 요구된다. 승진은 개인에게 자아 발전의 욕구를 충족시켜 주며

보다 많은 임금이 수반된다. 위탁급식업체 급식관리자의 경우 각 지점의 인턴영양사, 실무영양사, 책임영양사를 거치면서 업체의 인사방침에 따라 과장이나 부장까지 승진하기도 한다.

(2) 전직

전직transfer은 조직 내 수평이동으로서 동일한 수준의 지위로 이동되는 것을 의미하며, 배치 전환이라고도 한다. 이는 직무의 성격에만 변화가 있고 권한 · 책임 · 의무 및 임금 등에는 거의 변화가 없다. 전직은 노동력에 대한 수요의 변동으로 발생하는 경우 종사원을 조직 내에서 재배치할 필요가 있거나 종사원이 전직을 통해 다양한 업무를 소화할 수 있는 기술과 능력을 배양함으로써 조직의 관리자로 성장할 수 있도록 훈련하기 위해서 또는 직무배치상 융통성과 신축성을 높이기 위해 실시된다. 그리고 24시간 운영되는 병원급식소 등에서 3교대를 해야 할 경우 근무교대를 위해 종사원의 근무시간을 다른 시간대로 이동시키는 것도 전직에 해당한다. 또한 위탁급식업체의 급식관리자나 학교급식소의 영양교사의 경우 거주지 변경 등으로 전직이 이루어지기도 한다.

(3) 이직

이직separation은 개인과 조직 간의 근로계약의 종결을 의미하며 이직을 결정하는 주체에 따라 자발적 이직과 비자발적 이직으로 구분한다. 자발적 이직은 종사원이 자발적 의사에 따라 조직을 떠나는 경우로 종사원이 자의에 의해 조직을 완전히 떠나는 경우인 사직과 종사원이 개인적 사정으로 일정 기간 직무를 수행하지 못하는 경우인 휴직이 이에 해당된다.

반면, 비자발적 이직은 경영자의 일반적인 의사표시에 의하여 근로계약이 단절되는 것이다. 종사원의 의지와 관계없이 일어나는 비자발적 이직에는 조직 전반의 변화에 의한 종사원 감축 등이 생기는 레이오프와 종사원의 의지나 노동능력의 유무와 관계없이 근로규정 등에 명시된 일정 연령에 도달하면 고용계약이 자동으로 소멸되어 발생하는 이직인 정년퇴직, 해고 등이 포함된다.

(4) 징계

인사이동의 마지막 형태는 징계discipline action로 강등down grading과 해고가 이에 포함된다. 강등은 승진의 반대적 이동으로 조직 규모의 축소, 인사고과의 부정적 결과, 과실 등에 의해 현 직무보다 나쁜 조건의 하급직무로 이동되는 것을 말하며 권한, 의무, 책임 및 임금 감소가 수반된다.

해고는 징계의 마지막 수단으로 정당하고 적합하게 단행하기 위해서는 징계과정이 문서화되고 징계관리에 관한 규칙이 항상 일률적으로 적용되어야 한다. 예를 들어, 종사원 중에 늘 부적절한 태도나 행동으로 급식소 전체의 사기에 악영향을 끼치는 사람이 있어 해고한 경우 이 종사원이 부당한 해고라고 관리자를 고소하더라도 해고에 관한 명확한 규정이 있으면 관리자를 정당하게 보호할 수 있다.

따라서 징계에 해당되는 행동을 했을 경우에는 항상 문서화하고 인사기록카드에 같이 기록해야 하며, 징계의 대상에 해당되는 행동들을 확실히 결정해 놓도록 한다. 보통 잦은 지각과 결근, 절도, 근무 중 음주, 표준 이하의 근무태도 및 근무량 등이 징계의 사유에 포함된다. 징계규칙에 관한 사항은 1년에 한 번씩 종사원과 검토해야 한다. 일반적으로 징계의 절차는 구두경고 → 서면경고 → 직무정지 → 해고 등의 순서로 구성된다.

3) 노사관계관리

노사관계관리란 경영자와 종사원의 근로조건의 유지 · 개선을 위해 경제적 · 공제적 · 정치적 기능을 수행하고 있는 노동조합과의 접촉에서 안정적이고 협력적인 노사관계가 형성되도록 관리하여 양측 간 분쟁이나 긴장을 예방하고 협동적 노력을 유도하여 관련 산업의 지속적인 발전을 지향하는 제반 관리활동을 의미한다.

노동조합 및 노동관계조정법 제2조에 따르면 노동조합이란 근로자가 주체가 되어 자주적으로 단결하여 근로조건의 유지 · 개선 기타 근로자의 경제적 · 사회적 지위의 향상을 도모함을 목적으로 조직하는 단체 또는 그 연합단체를 말한다.

(1) 노동조합

① 노동조합의 분류

● 조직대상에 따른 분류

- 산업별 노동조합 : 동일한 산업직군에 종사하는 노동자를 대상으로 결정된 노동조합
- 직업별 노동조합 : 동일 직종에 종사하는 노동자를 대상으로 결성된 노동조합
- 기업별 노동조합 : 동일 기업에 종사하는 근로자로 조직된 노동조합
- 일반 노동조합 : 직업과 관계없이 동일 지역에 근무하는 중소기업의 노동자들로 이루어진 노동조합

● 가입방법에 따른 분류

- 클로즈드숍closed shop : 노동자 고용 시 노동조합에 가입한 사람 이외에는 고용이 불가능하며 조합을 탈퇴하거나 제명된 사람은 해고된다.
- 오픈숍open shop : 우리나라에서 채택하고 있는 제도로 노동조합 가입 여부가 노동자의 자유의사에 의해 결정되며 종사원의 채용이나 해고가 노동조합의 가입과 무관하다.
- 유니온숍union shop : 조합원과 비조합원을 자유롭게 고용할 수 있으나 고용된 근로자는 일정 기일 내에 조합에 의무적으로 가입해야 한다.
- 에이전시숍agency shop : 노동조합의 가입에 대한 강제성은 없으나 단체교섭 당사자인 노동조합이 조합원이 아닌 노동자에게도 조합비를 걷을 수 있는 형태의 노동조합이다.

② 노동조합의 주요 기능

- 경제적 기능 : 경제적 기능의 핵심은 단체교섭과 쟁의행위이다. 단체교섭이란 임금인상 · 시간단축 · 해고반대 등 다수 조합원의 고용조건 개선요구를 조합임원이 일괄 대표해서 사용자 또는 단체와 교섭하는 것을 말한다. 법률상 사용자는 특별한 이유 없이 단체교섭을 거부할 수 없다. 단체교섭이 결렬되면 노사 어느 쪽이나 쟁의행위에 돌입할 수 있으며 노조가 취할 수 있는 쟁의행위로는 파업, 시위, 불매운동boycott, 태업 등이 있고 사측의 쟁의행위로는 영업장 폐쇄

등이 있다.

- 공제적 기능 : 조합원의 생활 안정을 위한 활동의 일환으로 조합의 자금 원조 기능이 주를 이루어 조합원의 질병, 재해, 사망 또는 실업에 대비하여 노동조합이 미리 공동기금을 준비하는 상호 부조활동이 주를 이룬다.
- 정치적 기능 : 경제적인 목적을 달성하기 위해 국가나 사회단체를 대상으로 정치적인 활동을 전개하게 되는데, 노동관계법 등의 법률 제정 촉구와 반대 등의 정치적 발언권을 행사하거나 이를 위해 특정 정당 지지 또는 반대의 정치활동 등을 전개한다.

(2) 경영참가제도

경영참가제도에는 종업원이 자기회사의 주주가 되는 종사원지주제도, 기업이 이윤의 일부를 임금 이외의 형태로 종사원에게 배분하는 이윤분배제도, 경영에 관한 의사결정에 노사가 함께 참여하는 노사공동결정제와 노사협의제 등이 있다.

(3) 우리나라 노동관계법

- 근로기준법 : 근로자의 근로조건에 관한 통일적 보호법전
- 노동조합 및 노동관계조정법 : 근로자의 단결권, 단체교섭권 및 단체행동권을 보장
- 근로자 참여 및 협력증진에 관한 법률 : 근로자와 사용자의 참여와 협력을 통해 노사공동의 이익을 증진

CHAPTER

6

급식경영자의 리더십과 의사결정

CHAPTER 6

급식소의 성공적인 경영을 위해서 급식경영자는 공식적인 리더로서의 역할을 수행해야 한다. 한 종류의 리더십이 그 어떤 종류의 리더십보다 우월하다고는 할 수 없으나, 급식경영자는 본인의 특성과 조직의 상황에 맞는 리더십을 개발하고 발휘하기 위해 노력해야 한다. 본 장에서는 이러한 리더십에 대해 급식경영자가 알아야 할 기초적 이론을 소개한다. 또한 본 장에서는 의사결정에 관한 다양한 이론을 설명하였다.

1. 리더의 정의와 유형

관리managing와 지휘leading는 혼용하여 사용하는 경우가 많지만 엄밀히 말해 두 단어는 유의어가 아니다. 관리란 조직의 목표를 달성하기 위한 책임으로서 관리자는 조직 내에서 계획, 조직화, 감독, 지휘, 통제하는 지위를 갖게 된다. 이에 반해 지휘는 종사원들의 목표를 설정하고 목표를 달성할 수 있도록 도와주는 것이다.

리더십에 대한 정의를 살펴보면, 스토그딜Stogdill(1974)은 "리더십이란 기대와 상호작용 속에서 집단의 구조를 창시하고 유지하는 것"이라고 정의를 내렸고, 쿤츠와 오돈넬Koontz & O'Donnell(1980)은 "조직구성원들이 집단 목표를 위하여 자발적으로 노력하도록 그들에게 영향을 주는 시굴 또는 과정"이라고 정의하였다. 탄넨바움 등Tannenbaum et al.(1961)은 "주어진 상황에서 구체화된 목표를 달성하고자 하는 노력으로서 효과적인 의사소통을 활용하여 이루어지는 대인 간의 영향력"이라고 표현했다.

여러 학자에 의한 리더십의 정의를 종합해보면 리더십이란 사람들에게 복종, 확신, 존경, 영정, 협동 등의 방법으로 사람들이 목표를 이룰 수 있도록 영향을 주고 지휘할 수 있는 기술이며, 한 개인이 다른 구성원에게 이미 설정된 목표를 향해 정진하도록 영향력을 행사하는 과정이라고 할 수 있다. 레스터Lester(1981)는 "리더는 기회가 주어지기를 기다리지 않고 조직을 변화시키기 위한 기회를 찾아나서는 자발적 개시자 셀프스타터self-starter"라고 표현하고 있다.

한 조직에는 두 가지 유형의 리더가 존재한다. 첫 번째는 공식적 리더formal leader로서 보통 조직 내에서의 지위에 따른 영향력을 행사하는 관리자를 말한다. 이러한 공식적 리더는 조직 내에서 인정이 되고 하위 종사원이 조직의 목표를 수행하기에 적합하도록 방향을 설정해 주는 리더십을 행사하기를 조직으로부터 요구받는다.

두 번째 리더의 형태인 비공식적 리더informal leader는 조직 안에서 지위에 따른 관리기능을 수행하지는 않지만 상급자, 동료, 하위 종사원들에게 인정을 받는 자를 말한다. 예를 들면, 조직 내에서 경력이 오래된 종사원, 기술력이 뛰어난 종사원 등이 비공식적 리더가 될 수 있다.

급식소에서 관리자이자 급식소 내 리더로서의 영양사의 역할에 충실하기 위해서는 우선 급식조직의 종사원들 사이에서 비공식적 리더가 누구인지를 파악하고 급식경영상에 어떤 변화가 요구되는 상황에서는 먼저 비공식적 리더를 설득하고, 다른 종사원들이 그를 따르도록 지도하는 것이 효과적이다.

2. 리더십이론

리더는 개인에 따라 특징적인 리더십 유형을 가지고 있으며 이는 개인의 교육수준, 경험, 가치관 등에 따라 영향을 받는다. 리더십 유형은 여러 연구를 통해 관련 이론이 발전되어 왔으며 접근방법에 따라서 특성이론, 행동이론, 상황이론 등을 바탕으로 설명할 수 있다.

1) 리더십 특성이론

특성이론은 리더십을 발휘하는 데 필요한 개인적 특성에 초점을 맞춘 것으로 리더는 리더로서의 특성을 가지고 있다고 보는 견해이다. 즉, 리더는 지적 능력, 인상, 열의, 자신감, 업무추진력, 성취욕구, 창의성, 협동심, 유연성, 사회친화력, 대인관계 기술, 어휘 사용능력 등에서 타인에 비해 남다른 능력이 있거나 우수하다는 것이다. 따라서 특성이론에서는 리더십의 성공요인을 리더의 특정 성격, 업무 관련 능력, 사회적 특성 등에서 찾으려고 하였다.

그러나 특성이론에서는 리더의 특성이 조직 내·외부의 여러 요인과 어떻게 상호작용하는지를 고려하지 않았으므로 리더의 인적 특성과 리더십 발휘 사이의 상관관계에 대한 명확한 증거를 제시하지 못하는 한계가 있다.

2) 리더십 행동이론

리더십 특성이론의 한계를 극복하고자 리더의 실제 행동에 따라 리더십의 효과가 결정된다고 가정하는 행동이론이 등장하였다. 즉, 특성이론이 리더의 타고난 특성을 강조했던 것에 비해 행동이론은 리더가 실제로 어떤 행동을 하는가에 관심을 두고 연구하였다.

행동이론에서는 리더의 행동이 과업에 초점을 두는가 혹은 사람에 초점을 두는가를 기준으로 하여 오하이오 주립대학 모형, 미시간 대학 모형 등이 연구되었고, 이들 이론을 발전시킨 블레이크와 뮤톤의 관리격자이론이 있다.

(1) 아이오와 대학교의 연구

아이오와 대학University of Iowa의 연구에서는 리더십의 3가지 유형전제적 리더, 민주적 리더, 방임적 리더을 제시하였다.

① 전제적 리더

전제적 리더는 과업성취에 초점을 맞추어 전반적으로 독단적 의사결정 및 명령, 통제에 중점을 두는 유형으로 조직이 위기상황이거나 선택의 여지가 없는 상황인 경우 효과적으로 쓰일 수 있는 리더십이다. 만약 급식소에 안전사고가 발생했다면 급식관리자는 즉시 필요한 조치를 취하여 종사원과 급식소의 피해를 최소한으로 줄여야 한다. 이처럼 즉각적인 결정이 필요할 때에는 선호하는 리더십 유형에 관계없이 급식관리자는 전제적 자세로 의사결정과 명령, 통제 등을 신속히 해야 한다. 전제적 리더십의 단점은 의사결정을 할 때 다른 사람들에게서 유용한 정보를 얻을 수 없다는 것이다.

② 민주적 리더

민주적 리더는 종사원의 만족을 중요시하고 목표설정, 의사결정에 종사원이 참여하는 것을 존중하는 유형으로 민주적 리더십의 경우 관리자가 단독으로 의사결정하지 않고 다수결의 원칙에 따른다. 민주적 리더십이 효과적으로 사용되면 최선의 의사결정을 내릴 수 있고, 이와 관련된 결과의 성공률을 높일 수 있다. 또한 종사원의 자아실현 욕구를 충족시킬 수 있는 가장 바람직한 리더십의 하나이다. 그러나 민주적 리더십은 많은 시간을 필요로 하며, 어떤 의견에 대해 반대하는 사람은 그에 따른 행동을 취하는 것을 기피할 수 있다. 따라서 민주적 리더십의 전제조건은 다수의 사람이 동의하여 결정한 일에 대해서는 종사원 전체가 적극적으로 동참해야 한다는 것이다.

③ 자유방임적 리더

자유방임적 리더는 리더가 업무에 필요한 정보와 자원을 제공할 뿐 직접적으로 종사원에게 지시나 명령을 내리지 않고 최소한의 조직활동에만 참여함으로써 종사원에게 자유를 주고 스스로 문제를 해결하도록 하는 유형이다. 그러나 종사원이 자율적으로 자제할 의욕과 능력을 갖추지 못한 경우 조직의 통제와 조정이 어려워질 수 있다는 문제점이 있다.

(2) 미시간 대학교의 연구

미시간 대학교University of Michigan의 리더십 연구에서는 다양한 자료를 근거로 하여 리더를 직무 중심적 리더와 종사원 중심적 리더로 구분하였다. 직무 중심적 리더십은 생산과업을 중요시하고 생산방법과 절차 등 세부적인 사항에 관심이 많으며, 공식 권한과 권력에 의존하고 종사원에 대한 관리·감독을 철저히 하는 유형이다.

반면에 종사원 중심적 리더십은 종사원과의 관계를 중요시하고, 종사원에게 많은 권한을 위임하며, 종사원의 개인적 발전과 성장에 관심이 많으므로 지원적 업무환경을 구축하는 데 힘쓰는 유형이다.

(3) 오하이오 주립대학교의 연구

오하이오 주립대학교Ohio State University에서는 구조주도initiating structure와 배려consideration, 두 가지 요인으로 리더의 행위를 기술하였다그림 6-1. 구조주도란 리더가 종사원의 역할을 명확히 정해주고 종사원에게 기대하는 것이 무엇인지 알려주는 행동을 의미한다. 이 성향이 높을수록 업무 중심으로 부하를 평가한다.

배려란 리더가 종사원의 복지와 안녕, 지위, 성장 등에 관심을 두는 정도로서 이 성향이 높을수록 종사원과의 관계를 중시하고 그들의 의견을 존중한다. 두 가지 요인에 따른 리더십의 분류는 그림 6-1과 같다. 네 가지 유형 중 제II형은 철저한 직무 수행과 종사원에 대한 관심이 모두 높아 철저한 직무 수행과 종사원과의 관계 및 신뢰 형성을 동시에 추구하는 리더 유형으로 4가지 유형 중 가장 바람직하다. 반면에

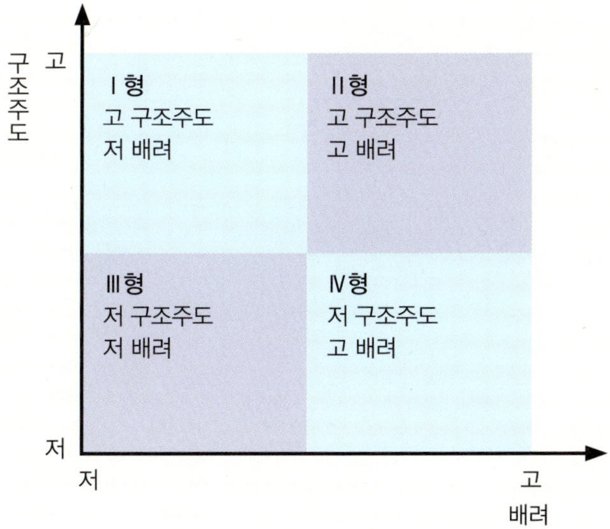

그림 6-1 구조주도와 배려요인에 따른 리더십 유형

구조주도는 높고, 배려는 낮은 제 I 형 리더의 부하직원은 일반적으로 불평이 심하고, 결근율과 이직률이 높은 것으로 나타났다.

(4) 관리격자 모형

블레이크Blake와 뮤톤Mouton에 의한 관리격자 모형managerial grid model에서는 오하이오 대학에서 연구한 리더십 모형에서 제안한 네 가지 리더십 유형을 더욱 세분화하여 과업생산성과 인간에 대한 관심도를 각 축으로 하여 각각을 9등급으로 나누어 총 81개의 리더십 유형으로 제시하였다그림 6-2.

이 중 기본적인 형태로 제시된 5가지 유형은 무관심형〔(1,1)형〕, 과업형〔(9,1)형〕, 친목형〔(1,9)형〕, 중도형〔(5,5)형〕, 팀형〔(9,9)형〕이며 이 중 가장 바람직한 리더십 유형은 팀형〔(9,9)형〕으로 조직의 생산성 욕구와 종사원의 개인적 욕구를 모두 만족시킬 수 있다.

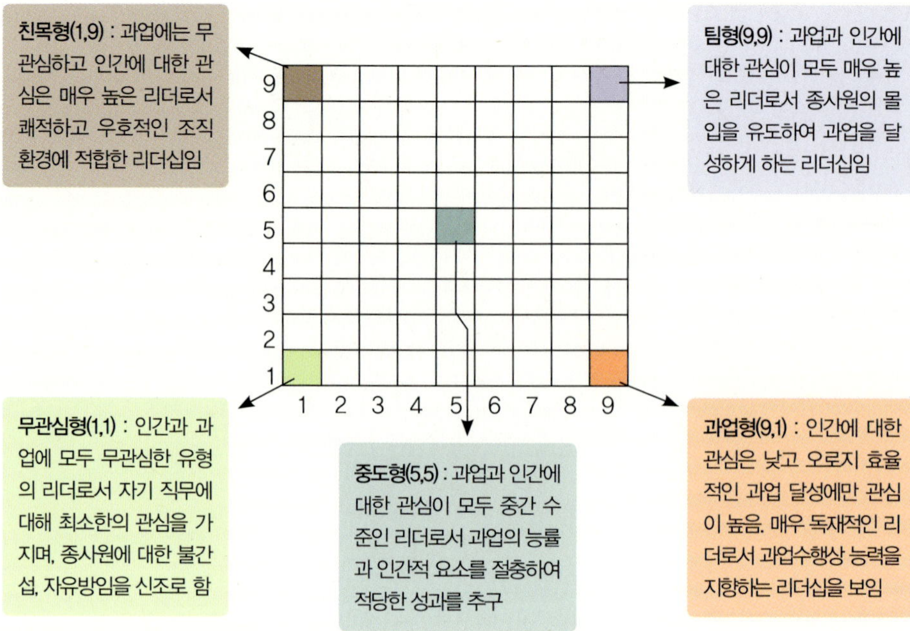

그림 6-2 관리격자이론에 따른 리더십 유형

3) 리더십 상황이론

리더십 상황이론은 행동이론을 확대한 것으로서 상황이나 종사원의 특성에 따라 리더의 행동이 달라져야 한다는 것이다. 피들러Fiedler의 상황이론contingency theory이나 허쉬Hersey와 블랜차드Blanchard의 상황적 리더십 이론이 대표적이다.

(1) 피들러의 상황 모형

피들러의 상황 모형에서는 조직의 목적 달성은 리더의 동기체제와 상황을 통제하고 영향을 주는 정도에 달려 있다고 하였다. 이때 세 가지 변수는 리더와 종업원의 관계, 과업구조, 리더의 지위권력 등이다. 리더와 종업원의 관계는 종사원들의 리더에 대한 호의적인 태도와 신뢰성, 존경받는 정도를 말하고, 과업구조는 과업의 명확한 목표, 수행방법, 성과기준을 가지고 있는지, 즉 업무의 체계성을 나타낸다. 따라서 과업이 구조화될수록 리더가 집단을 이끌어 나가는 데 보다 많은 통제를 가

표 6-1 피들러의 상황이론에 따른 상황 분류

구분	리더-부하 관계	과업구조	지위권력	상황선호도
1	좋음	고	강함	가장 좋음
2	좋음	고	약함	좋음
3	좋음	저	강함	
4	좋음	저	약함	중간 정도
5	나쁨	고	강함	
6	나쁨	고	약함	
7	나쁨	저	강함	나쁨
8	나쁨	저	약함	

할 수 있다. 그리고 지위권력이란 리더가 구성원들에게 영향을 미치는 정도이다.

피들러는 이 세 가지 변수의 관계를 활용하여 리더의 통제수준에 따라 8가지 상황으로 분류하였다. 리더와 부하의 관계가 좋고, 과업이 구조화되어 있으며, 지위권력이 높은 경우는 상황 선호도가 좋고, 그 반대의 경우에는 상황선호도가 나쁘다는 것을 의미한다.

또한 피들러는 리더십 유형을 측정하기 위해 최소선호동료Least Preferred Coworkers, LPC 척도를 개발하였다. LPC 척도를 이용하는 측정법은 자신이 가장 좋아하지 않는 동료의 개인적 특성예 : 쾌활하다, 친절하다, 성실하다 등에 대해 8점 척도예를 들어, 가장 일하기 힘든 사람이 쾌활한 사람이면 8점, 쾌활하지 못한 사람이면 1점을 준다로 응답한 결과를 종합하여 평가자의 리더십 스타일을 평가하는 것이다. 보통 과업지향적 리더는 LPC 점수가 낮고 관계지향적 리더는 LPC 점수가 높다.

피들러의 연구 결과에 의하면 과업지향적 리더는 비교적 단순하고, 관계지향적 리더는 상대적으로 여러 가지를 고려하는 생각이 단순하지 않은 리더이므로 표 6-1의 조직의 상황에 따라 상황선호도가 나쁘거나 좋은 경우에는 과업지향적 리더가 효과적이고, 상황선호도가 중간 정도인 비교적 복잡한 상황에서는 관계지향적 리더가 효과적이라고 하였다그림 6-3.

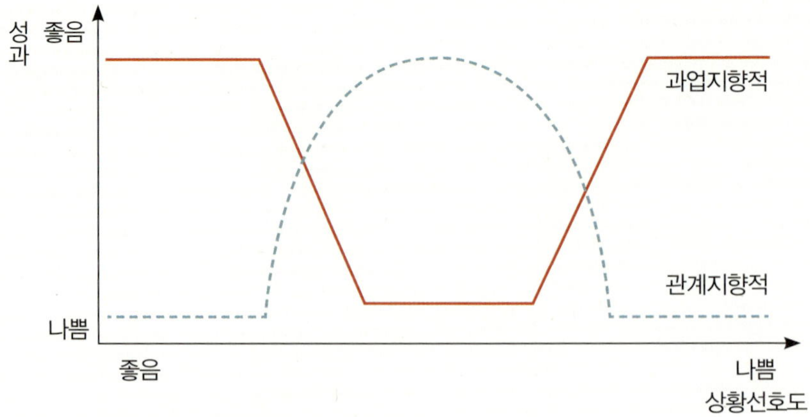

∴ 그림 6-3 피들러의 상황이론에 따른 상황에 적합한 리더십

(2) 허쉬와 블랜차드의 상황론적 리더십

피들러이론을 바탕으로 개발한 허쉬와 블랜차드의 상황론적 리더십 이론 Situational Leadership Theory, SLT은 리더가 속한 조직의 여러 가지 상황적 요소 중 특히 부하의 성숙도에 따라 적합한 리더십을 제시하였다. 이 이론은 '과업지향적 행동'과 '관계지향적 행동'에 '부하의 성숙도'를 상황요인으로 추가하여 리더십을 4가지 유형으로 분류하였다그림 6-4.

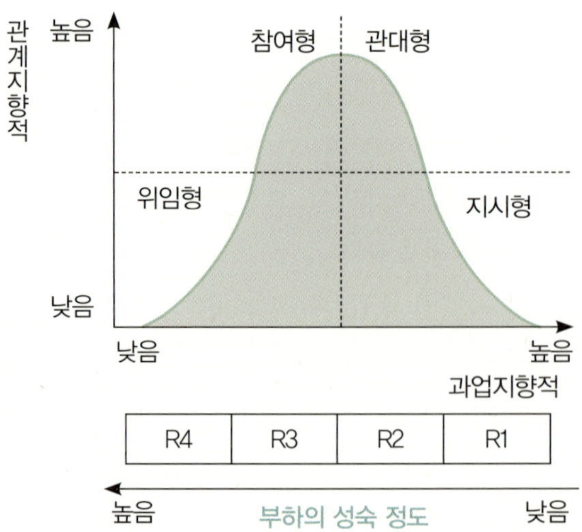

∴ 그림 6-4 허쉬와 블랜차드의 상황론적 리더십

상황적 리더십 이론에서는 획일적이고 일률적인 리더십을 적용하기보다는 여러 가지 상황에서의 변인, 그중에서도 부하의 성숙도를 능력, 자발적인 참여 정도와 자신감이 있는지 없는지에 따라 4수준R1, R2, R3, R4으로 구분하여 그에 적합한 리더십을 발휘해야 한다고 강조하고 있다.

이 이론에 의하면 신규종사원이나 부하의 성숙도가 낮은 상태, 즉 능력과 실행의지, 자신감이 모두 낮은 상태R1에서는 지시형 리더십의 발휘가 적합하다. 이 단계에서는 리더가 명확한 지침을 제시하고 구체적인 방향을 지시하는 것이 필요하다는 것이다. 또한 근무경력이 2~3년 정도 된 부하직원 혹은 능력은 부족하나 실행의지나 자신감은 가지고 있는 부하R2를 대상으로는 과업과 인간관계에 대한 관심이 모두 높은 관대형 리더십의 발휘가 필요하다. 그리고 부하직원의 근무경력이 4~5년 정도 지나면 부하의 업무수행능력은 높아지는 반면에 근로의욕은 저하되기 쉽다R3. 이런 부하를 상대로는 가급적 업무에 대한 지시는 자제하고 업무에 대한 지원을 하면서 부하들과 아이디어를 공유하고 격려하는 참여형 리더십이 필요하다. 한편, 부하의 근무경력이 많아짐에 따라 성숙도가 높아진다는 전제하에 부하가 실행의지와 자신감이 있을 때R4에는 리더는 부하에 대한 지시를 최소한으로 하고, 부하에게 의사결정과 권한을 적절하게 위임하는 위임형 리더십을 발휘하는 것이 좋다고 하였다.

상황에 따르면 지시형과 설득형 리더십이 발휘되어야 할 경우 부하와 리더의 관계에서 리더가 주도하는 형태이지만, 참여형과 위임형 리더십에서는 반대로 부하가 주도하는 형태로 바뀐다. 이처럼 상황론적 리더십이론에서는 획일적이고 일률적인 리더십보다는 부하의 성숙도를 고려하여 그에 적합한 리더십을 발휘해야 함을 강조하고 있다.

3. 급식경영자의 리더십 개발

리더십이론 중 가장 지배적인 이론은 브룸 등의 기대이론에 기초한 거래적교환적 리더십이론이다. 이 리더십은 1차적 변화에 초점을 두고 계약한 성과에 합치되었을 때 보상과 교환함으로써 종사원을 관리하는 리더십을 말한다. 그러나 이 경우 부하들은 계산적으로 복종하게 되며, 리더가 제공하는 보상과 부하가 선호하는 보상이 다를 경우 효율성이 저하되고, 철저하게 감독하지 않으면 문제 발생 가능성도 높아지는 문제점 등이 있다.

따라서 조직과 조직구성원의 발전적인 변화를 위해서 리더십에 대한 새로운 연구가 지속적으로 진행되어 왔다. 최근에 조직의 발전에 기여할 수 있는 대표적인 리더십 유형으로 부각되는 것은 직무환경에서 필요로 하는 리더의 특성을 겸비하는 것과 팀워크를 강조한 협력적 리더십, 변혁적 리더십, 서번트 리더십과 부하의 동기부여를 극대화할 수 있는 슈퍼 리더십 등이다. 급식관리자는 리더십에 대한 최근 연구 동향을 잘 살펴보고 급식조직의 목표 달성을 위해 급식소 환경에 적합한 리더십을 발휘할 수 있도록 노력해 나가야 한다.

1) 협력적 리더십

협력적 리더십collaborative leadership의 가장 중요한 요소는 팀워크이다. 협력적 리더는 종사원과의 토의와 협력을 중요시하고, 필요에 따라 종사원의 업무도 변경할 자세를 가지고 있다. 협력적 리더십 발휘를 위해서는 해결해야 하는 문제점을 정확히 파악하고, 무엇이 종사원을 힘들게 하는지, 어느 부분을 도와주어야 하는지를 잘 파악해야 한다. 이 과정에서 협력적 리더는 종사원이 그들의 임무를 완수할 수 있도록 지원해줄 수 있다. 토스볼드Tjosvold(1986)가 제안한 협력적 리더십을 급식관리자가 활용할 수 있는 절차는 다음과 같다.

- 급식관리자는 급식소에서 진행해야 할 새로운 일을 종사원에게 알리고 그 중요성을 충분히 설명한다.
- 종사원들 간에 그 일에 대해 상의할 시간을 주고 현재의 일과 새로운 일이 어떤 연관이 있는지를 파악할 수 있도록 한다.
- 급식관리자와 종사원들 간의 팀워크를 형성한다.
- 필요하다면 일의 수행절차를 수정하여 목표를 달성하도록 한다.
- 각 종사원에게 업무가 공평하고 효율적으로 분배되어야 하며, 업무수행에 필요한 자원도 지원되어야 한다.

- 업무수행과정에서 발생할 수 있는 문제점을 종사원과 급식관리자가 한자리에서 의논할 수 있도록 한다.
- 종사원들에게 정기적인 피드백을 주어야 하고 부적절한 수행에 대해서는 개선할 수 있도록 지도한다.
- 일을 완수했을 경우 모든 팀원이 성취감을 느낄 수 있어야 하고 합당한 보상이 주어져야 한다.

2) 변혁적 리더십

변혁적 리더십transformational leadership은 하위 종사원들의 지적인 변화, 동기부여, 가치관 변화에 기본을 두고 발전된 리더십 유형으로 변혁적 리더는 종사원들로 하여금 업무수행 결과에 대한 중요성을 인식시키고 조직이나 팀의 이득을 우선시하며, 종사원이 가지고 있는 개인적 욕구보다 더 높은 수준의 욕구를 자극함으로써 예상하는 성과보다 더 높은 성과를 올리도록 노력한다. 종사원들을 통하여 성과를 높이기 위해서 변혁적 리더는 솔선수범하는 자세를 보여야 하며 개인적인 이익을 포기하고 희생정신을 발휘할 줄 알아야 한다. 또한 종사원들의 긍정적 사고를 향상시키기 위한 통찰력과 자신감, 결단력을 증명할 수 있는 내적인 힘이 있어야 한다. 더불어 종사원의 더 높은 수준의 욕구를 자극하기 위한 동기부여기술이 필요하다. 이때 동기부여를 하는 방법은 첫째, 종사원으로 하여금 자신의 존재가치와 성취할 목표의 중요성을 인식하게 하고, 둘째, 개인적 이익에만 연연하지 않고 조직을 위해 역량을 발휘할 수 있도록 하는 것이다.

변혁적 리더십의 구성요인은 종사원들의 신뢰와 존경을 받을 수 있는 카리스마, 주어진 문제를 해결하도록 창의력 발휘를 격려하고 도와주는 지적 자극, 종사원 개개인의 능력과 잠재력 및 특성을 고려한 개별적 배려 등이다.

변혁적 리더십과 대치되는 유형으로 거래적 리더십transformational leadership이 있는데, 이는 목표 달성에 따른 보상을 약속하여 성과에 따른 보상과 처벌로 종사원을 관리하는 리더십을 말하며 상황적 보상과 예외관리를 구성요인으로 하고 있다.

:: 표 6-2 변혁적 리더십과 거래적 리더십의 구성요인

리더십	구성요인	내용
변혁적 리더십	카리스마	리더는 구성원들에게 바람직한 가치관과 자신감을 심어주고 비전을 제시할 수 있어야 한다.
	개별적 배려	리더는 구성원들이 개인적 성장을 이룰 수 있도록 그들의 욕구를 파악하고 알맞은 임무를 부여할 수 있어야 한다.
	지적 자극	리더는 구성원들이 상황을 분석하는 데 있어 기존의 방식을 탈피한 보다 창의적 관점을 개발하도록 격려해야 한다.
거래적 리더십	상황적 보상	리더는 구성원들에게 원하는 보상을 받을 수 있는 방법을 명확히 알려주어야 한다.
	예외관리	리더는 구성원들이 임무를 수행하는 데 있어 예외적 사건이 발생했을 때에만 관여하며 목표가 달성될 때까지 적절한 시기와 비용을 보장하고 간섭하지 않는다.

3) 서비스 리더십

서비스 리더십service leadership이란 리더의 서비스를 통해 내부 고객의 행복과 외부 고객의 만족이 선순환하도록 하는 리더십을 말한다. 서비스 리더십의 구성요인은 서비스 신념, 서비스 태도, 서비스 능력, 통찰력 등이다. 서비스 리더십은 네트워크화된 수평조직, 나아가 원형조직에 어울리는 리더십으로 변혁적 리더십과 거래적 리더십의 특성이 조화된 것으로 볼 수 있다. 여러 연구에 의하면 종사원들은 변혁적 리더십보다 서비스 리더십을 더 선호하는 것으로 조사되었다.

4) 서번트 리더십

서번트 리더십servant leadership은 그린리프Greenleaf(1977)가 처음 고안한 것으로 종사원을 존중하고 헌신적인 태도로 대하는 섬김의 욕구에 기반을 둔 것이다. 기존의 권위주의적 리더십이 책임과 권한을 내세웠던 것에 비해 서번트 리더십은 애정과 가치를 강조하고 있다.

서번트 리더는 자기 자신을 서번트로 인식하며, 종사원을 섬김의 대상으로 여기는 마인드를 가지고 있다. 따라서 서번트 리더는 종사원의 요구를 잘 파악하고 조직

내 문제 발생 시 효율적으로 해결하며 종사원이 소신을 가지고 일할 수 있는 분위기를 조성해주고 종사원 개인 능력 개발도 적극적으로 지원해준다.

그린리프는 동기부여가 잘 된 종사원만이 조직과 리더의 기대치에 부응할 수 있으며 조직의 목표 달성에 유리하다고 하였다. 그린리프의 이론에 입각하여 스피어스Spears(1955)는 서번트 리더십을 구성하는 10가지 대표적 행동특성인 경청, 공감, 치유, 설득, 인지, 통찰, 비전의 제시, 청지기 의식, 구성원의 성장, 공통체 형성의 중요성을 강조하였다.

5) 슈퍼 리더십

슈퍼 리더십은 부하들이 역량을 최대한으로 발휘할 수 있도록 동기부여에 힘쓰고, 부하들이 셀프 리더가 될 수 있도록 환경을 조성해주는 리더십을 말한다. 즉, 슈퍼 리더super leader란 "추종자들이 스스로를 리드해 나아갈 수 있도록 리드하는 사람"이라고 정의한다.

슈퍼 리더가 되기 위해서는 리더가 먼저 셀프 리더가 되어야 하며, 부하들이 셀프 리더로 성장할 수 있도록 자율적인 조직분위기를 조성해주어야 한다. 그리고 슈퍼 리더는 자기 스스로의 목표설정과 자기 스스로의 보상 등의 행동을 부하들에게 보여 줌으로써 부하들이 주인의식ownership을 가지고 조직활동을 해나갈 수 있는 환경을 조성해 나간다.

슈퍼 리더십 달성을 위한 7단계

- 셀프 리더가 되어라.
- 셀프 리더십의 모델이 되어라.
- 자기 스스로의 목표를 설정하게 하라.
- 긍정적 사고 패턴을 창조하라.
- 보상과 건설적인 질책을 통해 셀프 리더십을 개발하라.
- 팀워크를 통해 셀프 리더십을 증진시켜라.
- 셀프 리더십 문화를 촉진하라.

팔로워십

최근 리더십과 함께 팔로워십(followership)에 대한 관심이 높아지고 있다. 리더가 있으면 그의 영향을 받는 팔로워가 반드시 있기 마련이므로 리더십과 팔로워십은 별개가 아닌 상호보완적 개념으로 리더십 개발 시 반드시 고려해야 하는 부분이다. 리더십이 주어진 상황에서 목표 달성을 위해 팔로워들의 개인적 또는 집단적 노력에 영향력을 행사하는 과정이라고 한다면 팔로워십은 조직의 목표 달성과 관련하여 리더에게 영향력을 행사하는 팔로워의 능력이나 기술로 정의될 수 있다. 최근 조직에서는 리더와 더불어 팔로워의 중요성이 강조되고 있다. 그 이유는 급변하는 환경 변화에 적응하기 위하여 다수의 능력 있는 팔로워가 요구되고 있으며 지식수준과 정보통신기술의 향상으로 조직구성원의 정보공유 가능성이 커지고 의사결정능력이 높아짐에 따라 이를 바탕으로 한 팔로워의 독자적인 의사결정과 능동적인 행동을 더욱 필요로 하기 때문이다. 관리자(manager)와 리더(leader) 간에 차이가 있는 것처럼 부하(subordinate)와 팔로워(follower) 간에도 차이가 있다. 즉, 부하는 자신보다 상위 계급자에게 보고하며, 실제적으로 후원자(supporter), 경쟁자(antagonist), 무관심자(indifferent)이다. 반면, 팔로워는 리더와 함께 공동목표를 공유하고, 조직이 성취하려고 시도하는 것들을 믿으며, 리더와 조직 모두가 성공하기를 바란다. 팔로워십을 독립적 관점에서 연구한 대표적 연구자 켈리(R. E. Kelly)는 팔로워의 독자적 · 비판적 사고 정도와 능동적 참여 정도에 따라 5가지 팔로워 유형을 제시하였다.

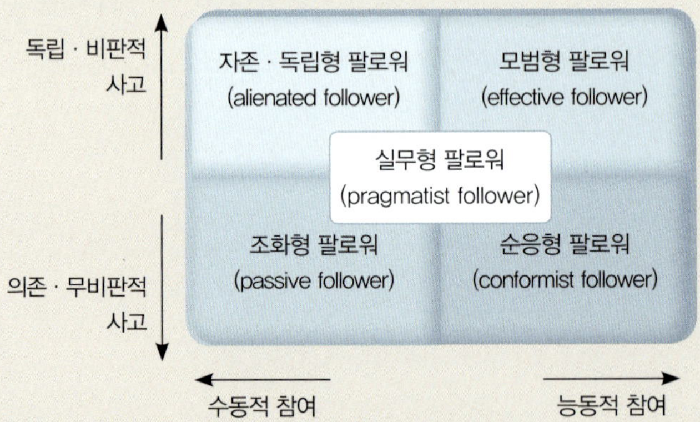

켈리의 5가지 팔로워 유형

- 조화형 팔로워(예스맨형 팔로워, yesman) : 책임감이 결여되어 있고 지시 없이는 임무를 수행하지 못하며 맡겨진 일 이상은 절대 하지 않는다.
- 순응형 팔로워(양형 팔로워, sheep) : 적극적으로 참여하지만 독립적 사고는 결여되어 있으며 예스맨과 같이 리더에 의해 움직인다.

- 실무형 팔로워(생존형 팔로워) : 위험을 무릅쓰고 일을 하지 않으며 목표를 낮게 잡고 자기보다 다른 사람이 책임을 지고 일을 시작하게 한다.
- 자존 · 독립형 팔로워(소외형 팔로워) : 독립적 · 비판적 사고는 뛰어나지만 역할수행에는 적극적이지 않으며 리더의 노력을 비난하면서도 자신의 노력은 소홀히 한다.
- 모범형 팔로워(효과적 팔로워) : 팔로워의 핵심으로 조직의 목표와 정책에 영향을 주고 리더의 관심을 모으는 데 적극적이다. 이들은 자기관리(self management), 조직과 동료에 대한 헌신(commitment), 자기계발(competence & focus), 용기(courage) 등의 특징을 보인다. 이러한 특징으로 리더에게 상향적 영향력을 행사하여 조직의 효율성에 중요한 공헌을 할 수 있다.

4. 급식경영자의 의사결정

의사결정이란 계획수립과정을 통해서 일정한 목표를 설정하고, 그 목표를 효과적으로 달성하기 위한 여러 가지 대안 중 최적 또는 실행 가능한 대안alternatives을 선택하는 합리적인 과정을 말한다. 급식경영자는 하루에도 여러 부분에 대한 의사결정을 지속적으로 수행해나간다. 의사결정과정은 문제의 정의에서부터 문제해결을 위한 대안의 선택과 평가를 하는 것까지 다양한 단계를 거치게 된다. 즉, 문제해결은 의사결정과정의 일부라고 할 수 있으며 일반적인 의사결정과정은 그림 6-5와 같이 진행된다.

1) 관리계층에 따른 의사결정

의사결정은 관리의 계층에 따라 전략적 의사결정strategic decisions, 관리적 의사결정administrative decisions, 업무적 의사결정operational decisions으로 나눌 수 있다.

(1) 전략적 의사결정 : 최고경영층에서 이루어지는 의사결정

조직 내부 간 문제보다는 조직과 외부환경과의 관계에 관한 의사결정으로, 조직의 장기목표 및 자원배분과 관련되어 조직 전체에 영향을 미칠 수 있는 의사결정이

1. 문제의 발견 및 확인

문제의 속성을 확인하고 원인을 파악한다.

2. 관련 정보의 확보

문제와 관련된 다양한 정보를 확보한다.

3. 대안 개발

문제해결을 위한 다양한 대안을 개발하고 각 대안에 대한 장·단점을 파악한다.

4. 최적 대안 선택

대안 선택 시 도출될 수 있는 결과 및 영향을 고려하여 최적의 대안을 선택한다.

5. 의사결정 및 대안실행

불필요한 시간 지연을 피하고 신속하게 대안을 실행한다.

6. 의사결정평가

대안 실행 후 효과를 평가한다.

그림 6-5 의사결정과정

다. 예로서 다각화 전략, 관리시스템의 재편성 등을 들 수 있다.

(2) 관리적 의사결정 : 중간경영층에서 이루어지는 의사결정

전략적 의사결정을 구체화하기 위하여 조직의 자원을 조직화하는 것과 관련된 의사결정이다. 예로서 인적 자원과 물적 자원의 조달 및 효율적 사용과 관련된 결정 등을 들 수 있다.

(3) 업무적 의사결정 : 실무관리자 층에서 이루어지는 의사결정

특정 업무의 효과적인 수행을 위하여 조직의 제 자원의 변환과정의 효율을 최적화하는 것과 관련된 의사결정이다. 예로서 부서의 결정, 자연발생적 결정 등을 들 수 있다.

(4) 급식경영자의 계획 수립을 위한 의사결정방법

① 스왓분석

조직의 전략 계획 수립 단계에서 내·외부 환경을 분석하는 방법이다그림 6-6. 급식조직이 내부적으로 가지고 있는 강점strengths과 약점weaknesses을 파악하고 강점은 최대한 육성하고 약점은 보완하면서 외부적 요소인 환경적인 기회요인 opportunites을 최대한 이용하여 위협요인threats에 대비하는 전략을 세우는 방법이다 제8장 스왓분석 적용사례 참조.

② 벤치마킹(beachmarking)

동종업체나 이종업체의 우수한 업체와 자사의 성과 차이를 비교하고 이를 극복하기 위해 타사의 경영 전략, 생산과정, 제품과 서비스 등 우수한 부분을 배우고 자사의 여건에 적합한 형태로 적용하는 방법이다. 벤치마킹 적용 후 실행 결과는 다음 계획 수립 단계에 피드백하면서 지속적으로 개선을 수행해 나가는 과정을 통해 동종업계에서 우위를 차지할 수 있다.

③ 목표관리법(Management By Objective, MBO)

조직의 단위와 전체의 목표 간에 일관성 있는 성과목표를 분명히 하기 위해 경영자와 종사원이 협의하여 목표를 결정하고, 목표 달성을 위해 경영자와 종사원이 공동으로 노력하며 과업을 함께 평가하는 방법이다. 진행 단계는 목표의 발견, 목표의 설정, 실행 계획 수립, 목표의 수행 및 정기적인 검토, 수행 결과의 평가로 이루어진다. 이 방법은 계획 수립뿐만 아니라 인사고과의 도구나 종사원 동기유발방법으로 활용된다.

2) 상황에 따른 의사결정

(1) 확실성하에서의 의사결정(decision making under certainty)

의사결정의 결과를 확실하게 예측할 수 있는 상황에서의 의사결정, 즉 문제분석에 필요한 모든 자료가 확실하게 주어지며 선택할 수 있는 대안이 명확하고, 대안의 선택에 따라 발생하는 상황과 의사결정 결과를 확실히 알 수 있는 경우의 의사결정이다.

(2) 불확실성하에서의 의사결정(decision making under uncertainty)

의사결정의 결과에 대해 고도의 불확실성이 존재하는 의사결정으로, 여러 예견되지 않은 상황이 일어날 확률에 관하여 사전 지식이 없을 경우에 의사결정자가 특정한 결정기준을 채택하여 결정하게 된다. 일반적으로 불확실성하의 의사결정은 최고관리자에 의해 이루어지고 외부환경 변화에 민감한 조직에서 많이 이루어진다.

(3) 위험하에서의 의사결정(decision making under risk)

확실성과 불확실성의 중간으로 결과에 대한 확률이 주어질 수 있는 상황에서의 의사결정이다. 조직에서의 실제 의사결정은 완벽한 확실성도, 완벽한 불확실성도 생각할 수 없으므로 대부분의 의사결정은 위험하에서의 의사결정이라고 할 수 있다. 이때 위험성의 정도는 그 위험이 객관적 확률 또는 개인의 주관적 판단의 기초 정도에 따라 좌우된다.

(4) 상충하에서의 의사결정(decision making under conflict)

두 사람 또는 그 이상의 의사결정자가 서로 상충적인 이해관계 상태에 있을 때 상대방에 대응하여 의사결정을 하게 되는 경우로, 상충하의 의사결정기법으로는 게임이론game theory이 있다.

의사결정나무

의사결정나무(decision tree)는 미래의 불확실한 상황이나 위험 부담이 높은 상황에서의 의사결정에 많이 쓰이는 방법이다. 각 상황을 몇 가지 경우의 수로 나누어 분석하는 방법으로 각 경우에 있어 어떤 특정한 사건이 발생될 확률과 예상되는 수익을 합한 기댓값(expected value)을 계산하여 이를 근거로 계량적인 의사결정을 내릴 수 있다. 모든 가능한 대안과 위험 요소, 목적, 결과적으로 얻을 수 있는 금전적 이익이나 성공 가능성 등의 관계를 도식화하여 의사결정을 이끌어 내는 방법이므로 각 대안에 대한 위험 부담을 명확히 알려주며, 각 대안에 대한 이익을 예측해 봄으로써 최종 대안 선택을 위한 의사결정에 도움을 준다.

3) 집단의사결정방법

급식경영자는 창의적인 제안이나 대안이 필요할 때, 종사원 간 또는 각 부서 간의 의견이 일치하지 않을 때, 종사원의 동의가 필요할 때, 종사원들 간의 마찰을 최소화하고자 할 때 등은 집단의사결정방법을 활용한다. 집단의사결정은 경우에 따라 매우 유용하지만, 개인의사결정에 비해 시간과 비용이 많이 소요되고 의사결정에 대한 책임회피 등의 문제점이 발생할 수 있으므로 유의해야 한다. 집단의사결정방법에는 델파이기법, 브레인스토밍, 명목집단법 등이 있다.

(1) 델파이기법

델파이기법delphi method은 의사결정이 필요한 문제에 대해 설문지를 작성하고 이를 다수의 사람에게 보내서 의견을 취합한 후 의견을 요약하고 결과를 분석하여 다시 각 참여자에게 보내어 같은 과정을 반복하면서 의견의 일치를 이끌어 내는 방식이다. 델파이기법은 전문가의 의견을 수집할 수 있는 유용한 기법으로, 의사결정자에게 최선의 대안을 선택할 수 있도록 도움을 준다. 최종 결정을 내리는 데에는 문제해결도구를 통해 나온 대안들에 대해 개인적 · 조직적으로 관련된 다양한 요소와 이익을 고려해야 한다. 요컨대 의사결정자는 다양한 상황을 파악하고 지식을 활용하며 개인적 기술을 고려하여 보다 이로운 의사결정이 되도록 노력해야 한다.

(2) 브레인스토밍

브레인스토밍brainstorming은 한 집단으로부터의 아이디어나 대안을 만들어 낼 때 유리한 방법이다. 브레인스토밍두뇌폭풍은 1953년 미국의 한 광고회사 부사장이었던 오스번A. Osborn에 의해서 만들어진 방법으로 어떤 문제를 해결하는 데 제시되는 해결방안에 대한 판단이나 비판을 유보하고 머릿속에서 떠오른 창의적인 아이디어를 얻은 후 이 아이디어들을 결합시키거나 개선하도록 한다. 브레인스토밍의 목적은 짧은 시간 안에 많은 아이디어를 얻고자 할 때, 또는 여러 사람의 창의적인 아이디어가 필요할 때 사용하는 방법이다. 브레인스토밍을 이용할 때에는 참여하는 사람의 지식과 경험, 이해능력에 맞는 주제를 선정해야 한다.

(3) 명목집단법

명목집단법Nominal Group Technigue, NGT은 브레인스토밍법을 응용한 방법으로 회의에 참석한 구성원 간에 토의과정 없이 주제에 대한 개인의 의견을 기록하여 제출하게 한 후 참석자 간에 누구의 의견인지 모르게 제출된 의견에 대해 토론하고 투표를 통해 가장 높은 대안을 선택하는 방법이다. 이 방법은 의사결정을 방해하는 타인의 영향력을 최소화하면서 새로운 아이디어를 얻고자 할 때, 정보의 종합이 필요할 때나 특정 사안에 대한 최종 결정을 내릴 때 등에 활용된다.

CHAPTER

7

급식소 종사원의 동기부여와 의사소통

1. 동기부여 | 2. 의사소통

CHAPTER 7

경제적 보상과 복리후생이 급식소 종사원의 동기부여를 위한 가장 기본적인 수단이지만 이와 더불어 종사원의 동기부여를 위해 유용한 다양한 방법이 있다. 모든 조직에서 조직구성원 간의 의사소통은 조직목표의 효과적인 달성에 가장 큰 영향을 미치는 요인 중의 하나이다. 본 장에서는 동기부여 및 의사소통과 관련한 이론과 실천법을 설명하였다.

1. 동기부여

동기부여는 개인의 필요와 욕구를 자극하여 행동을 이끌어 내는 반복적이고 순환적인 과정이다. 관리자의 중요한 책임 중의 하나는 바로 조직의 목적에 맞게 종사원이 행동하도록 하는 것이다. 이 책임을 완수하기 위해서는 종사원이 필요로 하는 것이 무엇인지 찾아내어 그것을 만족시켜 주어야 한다. 종사원의 만족을 이끌어 내기 위해서는 먼저 직무를 효과적으로 수행하는 방법과 직무를 원활하게 수행하는데 필요한 시설 및 기기 등의 제공이 필요하다.

종사원에게 제공하는 경제적 보상과 복리후생제6장 참고은 직무 완수에 대한 가장 확실한 동기부여 수단이다. 그러나 과연 경제적 보상만으로 종사원의 직무수행수준을 어느 정도까지 향상시킬 수 있을지는 의문이다. 즉, 경제적 보상과 복리후생은 외적인 동기부여 수단임에는 틀림없지만 장기적인 효과에 대해서는 제한이 있다. 실제로 여러 연구에서 종사원이 직무를 수행하는 데 중요한 요소는 임무 완수에 대한 인정, 개인적 문제의 해결을 위한 도움, 직업 안정 등을 임금보다 더 중요하게 생각한다고 보고하였다.

여러 산업 분야에서 종사원 동기부여에 관한 이론이 많은 연구자에 의해 연구되었다. 모든 이론이 급식경영에 적용될 수는 없겠지만 관리자가 기본적인 동기부여 이론에 대해 올바르게 이해하는 것은 종사원을 대상으로 한 효과적인 동기부여에 도움이 될 수 있다. 동기부여의 주요 이론은 내용이론, 과정이론, 강화이론 등 세 가지로 분류해 볼 수 있다.

1) 동기부여이론

(1) 내용이론

내용이론은 개인이 특정방법으로 행동을 유발하게 하는 요소가 무엇인지에 초점을 맞추고 있다. 이 요소들은 개인적인 욕구와 직접적인 환경과 관련이 있다. 내용이론의 대표적인 것은 매슬로Maslow의 욕구계층이론hierarchy of needs이다. 그림 7-1과 같이 매슬로는 인간의 욕구는 낮은 계층의 욕구에서 출발하여 가장 높은 계층의 욕

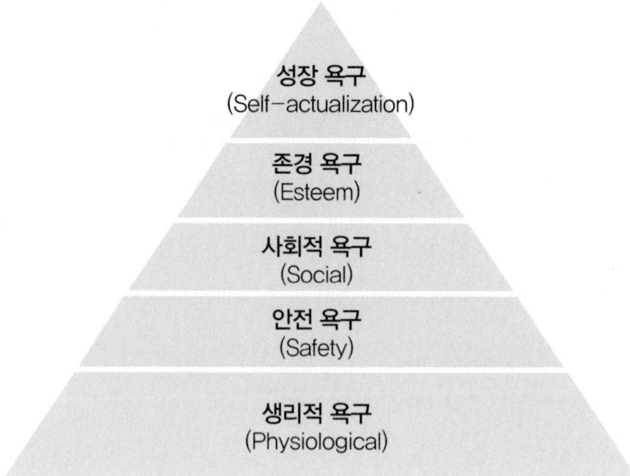

그림 7-1 매슬로의 욕구계층

구에 이르는 다섯 단계의 계층을 이루고 있으며, 하위 단계의 욕구가 채워지면 다음 단계의 욕구를 충족시키기 위해 노력한다고 하였다.

매슬로에 의하면 생리적 · 안전 욕구가 충족되는 작업환경에서 일을 하는 종사원은 그렇지 못한 환경에서 일을 하는 종사원보다 수행도가 높다고 했다. 따라서 종사원의 정당한 임금과 복리후생의 제공, 안전관리 기준 마련, 정년 보장 등은 이와 같은 이론에 입각하여 종사원의 수행도를 높이는 데 필수 불가결한 요소로 간주되고 있다.

대부분의 급식관리자는 종사원을 대상으로 한 금전적 보상이나 복리후생에 직접적으로 관여할 수는 없지만 종사원의 승진이나 임금 인상 등에 영향을 줄 수 있다. 또한 공정성과 전문적 관리기능의 수행으로 종사원의 직무환경을 즐겁고 안전한 환경으로 조성해 줄 수 있다.

내용이론 중 또 한 가지 주요 이론으로 허즈버그Herzburg의 이요인이론two-factor theory, maintenance motivation theory이 있다. 이 이론에서는 동기부여요소를 위생적 요인과 동기부여요인 등의 두 가지로 분류하였다. 위생적 요인은 외적 요인으로 작업조건, 대인관계, 급여, 지위, 직업 안정 등을 포함한다. 그러나 이 요인이 충족되면 종사원의 불만족을 방지할 수는 있지만 종사원의 만족이나 동기부여수준을 높일 수는 없다. 반면에 동기부여요인은 내적 요인으로 책임, 인정, 성취, 발전, 도전 등을 포함하며 이 요인은 직무만족과 동기부여를 향상시킬 수 있다. 이 이론은 급식관리

시 중요하게 적용할 수 있으며, 특히 동기부여요인은 종사원의 생산성 향상에 영향을 주므로 직무 확장이나 직무 충실화 등의 직무설계 개선을 통해 종사원 동기부여요인의 증대를 고려해 보아야 한다.

마지막으로 맥클린랜드McClelland에 의해 개발된 성취, 권력, 친교이론achievement, power, affiliation theory이 있다. 이 이론은 매슬로의 5단계 욕구 가운데 상위 세 가지 욕구에 대해 초점을 맞추고 있으며, 이 욕구가 사람이 가진 전체 욕구의 80%를 차지한다고 하였다. 또한 인간의 욕구는 경험과 학습에 의한 것이며 개인마다 다르기 때문에 개인이 가진 욕구에 따라 동기부여방법을 달리 모색해야 한다고 하였다.

- 성취 욕구 : 과거보다 더욱 효과적으로 일을 해내려는 욕구이다. 성취 욕구가 강한 관리자는 목표를 설정하고 다소 어려운 일에 도전하며, 위험을 감수하고 자신의 수행 결과에 대한 구체적인 피드백을 받는 것을 선호한다.
- 권력 욕구 : 다른 사람을 통제하고 영향을 주며 책임지기를 원하는 욕구이다. 권력 욕구가 강한 관리자는 항상 새로운 일에 도전하고자 하며, 의사결정자의 역할이나 경쟁상황 등을 즐긴다.
- 친화 욕구 : 사람들과 가깝게 지내려는 욕구이다. 관리자가 친화 욕구가 강하면 협동적이고 팀 위주의 관리 유형을 사용하며 종사원이 일을 완수할 수 있도록 도움을 준다. 친화 욕구가 강한 관리자는 의사결정을 할 때 사람들과의 관계가 방해가 되지 않도록 주의해야 한다.

(2) 과정이론

내용이론이 인간의 행동을 일으키는 요소를 확인하는 데 중점을 두었다면, 과정이론은 무엇이 동기유발을 시키는지에 초점을 맞추고 있으며 인식절차이론cognitive process theories of motivation이라고 부르기도 한다. 이러한 과정이론은 정보처리information processing나 인식cognition 혹은 직무환경요인과 상황 등의 요인들이 서로 어떻게 관련되어 있는가를 분석하는 데 관심의 초점을 둔다. 다시 말하면, 인식 변수cognitive variables가 동기유발에 '어떻게, 그리고 왜' 영향을 미치는지에 관심을 가지고, 영향을 미치는 변수의 확인 및 변수 간의 관계나 교류절차에 대해서 연구한다. 과정이론에는 브룸Victor H. Vroom의 기대이론expectancy theory과 애덤스S.

Adams의 공정성이론equity theory, 포터L. W. Porter와 롤러E. E. Lawler의 성과–만족이론 performance-satisfaction theory 등이 있다.

브룸의 기대이론에서는 동기부여가 가치valence : 보상에 대한 중요성 또는 선호의 강도, 유의성이라고도 함, 수단instrumentality : 특정한 수준의 성과를 달성하면 그에 맞는 보상이 제공될 것이라고 믿는 정도, 기대expectancy : 어떤 활동으로 인해 특정 결과를 낼 수 있을 것이라고 믿는 가능성의 세 가지 요소에 의해서 영향을 받는다고 하였으며, 사람들이 일에 대한 인정, 높은 임금 또는 성취감 등의 기대감으로 동기유발이 된다고 제안하고 있다. 즉, 자신이 노력하면 일을 성취할 수 있고, 그 일을 했을 때 보상이 주어지며 그 보상이 가치가 있는 것이라 여겨질 때 동기부여가 된다는 것이다. 기대이론은 관리자가 종사원 개개인이 가진 동기부여요소를 파악하는 데 도움을 줄 수 있다. 즉, 허즈버그Herzberg의 이론에 의하면 직무 확장은 모든 종사원의 동기부여수준을 높일 수 있다고 주장하는 반면, 기대이론에서는 모든 종사원이 직무 확장으로 동기부여가 되는 것은 아니며 이로 인해 얻는 성취감도 다르다고 하였다.

포터와 롤러의 성과–만족이론은 브룸의 기대이론을 기초로 하고 있으며, 직무성과의 수준이 직무만족을 가져온다는 것을 강조하고 있다. 이 이론에서는 보상의 가치, 노력, 노력 대비 보상의 확률에 대한 지각은 기대이론의 가치유의성, 수단, 기대에 각각 대응된다. 또한 이 이론의 핵심은 첫째, 직무수행능력은 과업성취 및 그에 결부된 보상에 부여하는 가치, 어떤 노력이 보상을 가져올 것이라는 기대에 의해서 좌우된다는 것이며, 둘째, 노력에 의한 직무성취는 개인에게 만족을 제공할 수 있으며, 이때 만족을 주는 것은 그에 따르는 내재적 · 외재적 보상에 의해 강화될 수 있다고 하였고, 마지막으로 내재적 · 외재적 보상이 있다 하더라도 그것이 불공정하다고 지각되면 개인에게 만족을 줄 수 없다는 것이다. 그러나 이 이론은 조작적 정의가 모호하고 이론의 내용체계가 복잡하여 검증이 어렵다는 점 등에 대한 비판이 있다.

아담스의 공정성이론에서는 자신의 공헌에 따른 보상의 크기를 타인의 것과 비교하여 공정성이 있다고 느낄 때 동기부여가 이루어진다고 설명하고 있다. 즉, 자신의 공헌에 대한 보상이 다른 사람과 비슷하면 공정하다고 느끼며 비슷하지 않으면 불공정하다고 느끼게 되는데, 이때 공정성이 있으면 공정성을 유지하기 위하여, 불공정한 경우에는 불공정성을 시정하는 방향으로 동기부여가 된다는 것이다. 따라서 만약 조직구성원이 공정성이 있다고 느꼈다면 자신의 노력을 계속할 것이고 이를 통해 동기부여 수준을 유지하게 될 것이나 조직구성원이 불공정하다고 지각할 때는 공정성을 회복하기 위한 동기부여로 행동의 변화가 일어나게 된다. 즉, 조직구성원이 과소보상 또는 과대보상을 지각한 경우에는 조직에 대한 자신의 공헌도를 낮추거나 증가시킴으로써 타인과의 균형을 유지하려고 노력한다는 것이다.

공정성이론은 조직에서의 보상에 대한 중요성을 인식한 것에 의의가 있다. 그러므로 조직에서는 조직구성원에 대한 유·무형 보상에 대해서 공정성을 유지할 필요가 있으며, 조직구성원들의 공정성에 대한 인식은 각 개인의 지각을 바탕으로 하기 때문에 관리자는 평소 종사원을 대상으로 한 설문조사, 보상에 대한 의견을 제시할 기회 부여, 종사원 상담 등을 통해 종사원의 개인별 지각 정도를 파악하는 데 노력을 기울여야 한다.

(3) 강화이론

강화이론은 실험실 조건하에서의 동물행동에 기초를 두고 있다. 스키너Skinner 외 여러 심리학자는 강화이론을 인간의 행동에 적용할 수 있는 방법에 대해서 소개하였다. 강화이론은 긍정적 결과가 나온 행동을 반복하는 경향이 있다는 것을 전제로 하여 바람직한 결과를 유발하는 행동에는 보상을 제공하고 잘못된 행동에 대해서는 징계를 가함으로써 바람직한 방향으로 일을 수행할 수 있도록 동기를 유발하고자 하는 이론이다.

예를 들어, 특정 메뉴를 잘 만든 종사원에게 칭찬을 했다면 급식관리자는 긍정적 강화를 제공한 것이고 그 종사원은 다음번에도 음식을 잘 만들기 위해 노력할 것이다. 반면, 오염된 식재료를 취급하고 나서 손을 세척·소독하지 않아 급식관리자에게 지적을 받은 종사원이 다른 날 동일한 경우에는 매뉴얼대로 손을 세척·소독했다면 이것은 종사원이 관리자에게 또 지적을 받는 불편한 상황을 만들지 않기 위한 행동이었다고 설명할 수 있다.

때때로 관리자는 종사원들이 부적합한 행동을 반복하지 않도록 하기 위하여 징계를 사용하는 경우가 있다. 그러나 이 방법은 종사원을 화나게 하고 적의를 갖게 만들기 쉽기 때문에 칭찬과 보상에 의한 강화가 징계에 의한 강화보다 더 효과적이다.

위에서 설명한 동기부여 관련 이론들이 모든 작업조건에서 또는 모든 조직의 종사원에게 동일하게 적용되는 것은 아니다. 효과적인 리더십을 가진 급식관리자는 종사원 개개인의 특성을 이해함과 동시에 상황에 맞게 관리기능을 효과적으로 수행하기 위하여 적합한 이론을 선택하여 적용할 수 있다.

2) 종사원 동기부여방법

종사원의 동기를 부여하는 데 경제적 수단은 매우 중요한 방법 중의 하나이나 경제적 이유뿐만 아니라 자신이 하는 일에 대해 가치를 느끼고, 인정받을 때 동기부여 효과를 상승시킬 수 있다. 일반적으로 종사원은 그들이 맡은 일이 즐겁고, 어느 정도 중요한 것이라고 생각했을 때 그 일이 가치가 있다고 느끼며 그 이상의 도전적인 일을 원하게 된다. 급식관리자는 여러 가지 동기부여이론을 바탕으로 하여 금전적 보상 이외에 종사원의 동기부여를 향상시킬 수 있는 방법을 효과적으로 적용할 수 있어야 한다. 다음의 종사원을 대상으로 한 다양한 동기부여방법을 살펴보고 급식소 운영 여건과 종사원의 특성을 고려하여 적용해보자.

(1) 적절한 권한위임

최근 종사원 동기부여의 방법 중의 하나로 권한위임empowerment에 대한 관심도가 높아지고 있다. 권한위임이란 종사원들의 업무수행능력을 제고하고 관리자들이 가지고 있는 권한을 종사원에게 이양하여 종사원의 책임범위를 확대함으로써 종사원들이 가지고 있는 잠재력과 창의력을 최대한 발휘할 수 있도록 유도하는 방법이다. 권한위임을 위해서 관리자는 어느 정도의 권한을 위임할 것인지 신중하게 결정해야 한다. 또한 권한위임을 성공적으로 하기 위해서는 종사원과의 정보 공유, 정확한 목표의 설정, 조직원칙의 명확한 제시를 통한 재량권의 한계 인식, 공정한 보상 및 인정 등이 필요하다.

일단 권한위임을 한 후에는 권한을 위임받은 종사원이 업무를 제대로 수행할 수 있도록 관리자는 업무수행에 필요한 정보와 자원뿐만 아니라 각종 지원과 격려를 제공해야 한다. 권한위임은 여러 가지 방식으로 이루어질 수 있으며, 권한위임 정도에 따라 몇 가지 수준으로 나눌 수 있다. 보웬과 롤러Bowen & Lawler(1992)는 권한위임의 수준을 다음과 같이 세 가지로 나누고 있다. 권한위임을 지향하고 있는 급식소라면 어떤 수준의 권한위임이 적당한지 고려해 볼 수 있을 것이다.

① 제안 참여(suggesting involvement)

이것은 종사원들에게 공식적인 제안 시스템을 통하여 자신의 의견이나 제안을 제시할 수 있도록 하는 것으로 일상 업무에서의 변화는 거의 없다. 또한 종사원들은 변화를 위한 추천이나 제안은 할 수 있지만 그 제안의 수용 여부에 대해서는 관리자의 결정에 의존한다. 제안 참여는 관리자가 종사원의 더 많은 참여를 위한 첫 단계로 활용할 수 있으며 조직의 특성상 종사원의 적극적 참여가 용이하지 않을 때 사용할 수 있는 방법이다.

② 직무 참여(job involvement)

직무 참여는 전통적 관리 모델에서 더욱 발전된 방법이다. 이 수준에서는 종사원이 직무설계에 참여하고, 다양한 기술을 활용할 기회를 가지며, 업무의 진행과정에서 일을 순조롭게 진행하기 위한 다양한 피드백을 받는다. 또한 수행하고 있는 특정 직무에 대한 책임을 지게 된다. 직무 참여는 종사원에게 높은 동기부여, 직무 향상 기회를 제공한다. 일반적으로 직무 참여는 팀 접근방식을 강조하는 데에서 시작한다. 팀 방식은, 특히 병원급식소에서 중요하다. 그 이유는 병원급식의 경우 처음부터 끝까지 고객환자 응대에 대해 종사원 한 사람이 책임지고 관여하지 않고 많은 종사원이 참여하기 때문이다. 따라서 식단 계획에서 생산과 배식까지의 절차가 복잡한 병원급식의 특성상 팀워크를 통한 급식서비스의 원활한 수행이 중요하다. 이와 같은 직무 참여를 활용한 권한위임에서 종사원의 교육·훈련은 매우 중요하다. 종사원의 성공적인 직무 참여를 위해서 관리자는 종사원이 효과적인 결정을 내릴 수 있는 관련 지식과 기술을 갖추고 있는지 확인해야 한다. 또한 급식관리자는 급식 상황에 적합하게 직무 참여 종사원에 대해 지원적인 자세를 취해야 하고 감독은 최소한으로 자제해야 한다.

③ 적극 참여(high involvement)

종사원의 적극 참여가 이루어지는 조직은 종사원이 일하는 방법, 팀의 직무수행, 조직의 성공 전반에 필요한 일정수준 이상의 지식과 기술을 보유하고 있어야 하며,

조직 차원에서 종사원의 권한위임을 장려하고, 참여적 관리가 이루어지며 조직 운영 전반에 관련된 정보를 직무에 참여한 종사원들 간에 공유할 수 있는 환경이 조성되어 있어야 한다. 또한 종사원의 적극 참여를 위해서는 관리자의 참여적 관리나 팀 빌딩team building, 코칭, 훈련, 위임에 관한 기술 및 수행력이 뒷받침되어야 한다. 그러나 급식소에서 벌어지는 여러 가지 상황에 대해서 모든 결정을 종사원에게 내리게 할 수는 없다. 특히, 일관성 있고 안전한 급식서비스를 제공하기 위해서 급식소의 운영 규칙과 절차의 준수가 필요하다. 예를 들어, 병원 급식에서 영양사가 작성한 환자의 식단을 종사원이 마음대로 바꿀 수 있는 권한을 주어 종사원이 제한된 식이요법이 필요한 환자의 식단을 환자가 좋아하는 음식으로 변경했다면 이는 병원 급식의 목적에 어긋나는 현명하지 못한 권한위임의 예가 될 것이다. 따라서 권한위임의 수준은 종사원의 개인적 특성과 조직의 특성을 정확하게 파악한 후 신중하게 결정해야 한다.

(2) 업무수행의 결과를 확인해 볼 수 있는 기회 제공

종사원이 맡은 일이 중요하고 흥미롭다고 느끼게 하기 위해 각자의 업무수행의 결과를 보여 주는 것이 좋다. 종사원이 고객에게 배식을 하거나 홀서비스에 참여하는 경우에는 고객의 만족과 불만족에 대한 반응으로 서비스의 결과를 쉽게 알 수 있지만, 조리사나 식기세척 담당자 등 고객을 직접 대면하지 않는 종사원들은 자신의 업무의 결과를 확인하기 쉽지 않다. 이처럼 업무의 결과를 보기 힘든 종사원에게는 고객들이 칭찬한 내용을 게시판에 공지하여 확인할 수 있게 하든지, 매끼 고객이 메뉴를 평가한 결과를 공지하고, 주방에서 일하는 종사원들도 배식시간에 식당을 찾은 고객들의 표정 등을 살펴볼 수 있도록 하여 고객의 반응을 통해 업무수행의 결과를 확인해 볼 수 있는 기회를 제공한다.

(3) 특별한 임무 부여

아무리 작업수행도가 우수한 종사원이라 할지라도 새로운 것에 대한 도전이 필요하다. 즉, 종사원에게 기존의 업무 이외에 특별한 업무를 부여해 본다. 위임하는 임무는 종사원의 지위와 종사원 개인의 흥미 등을 고려하여 결정한다. 종사원에게 새로운 업무를 부여하는 것은 두 가지 효과를 얻을 수 있다. 첫 번째는 어려운 일을 해냈다는 자기만족과 확신을 키울 수 있고, 두 번째는 조직 내에서 다양한 업무수행 경험이 있는 미래의 리더를 양성할 수 있다. 이때 주의할 점은 종사원이 특별한 임무를 기꺼이 수행할 마음이 있어야 하고, 종사원이 임무를 성공적으로 수행한 후에는 그 결과를 칭찬하는 것을 잊지 말아야 한다.

(4) 종사원 개인의 발전 기회 부여

평소 급식생산 · 조리기술 향상교육이나 위생 · 안전교육 등의 직무 관련 교육 이외에도 자아개발을 할 수 있는 교육 · 훈련기회를 부여해 본다. 직무와 관련된 교육 이외에도 긍정적인 태도를 유지하는 방법, 스트레스 해소법, 건강한 자아상 만들기, 재테크 관련 교육이나 의사소통기술 등의 교육을 통해 종사원 스스로 성장할 수 있는 기회를 제공해준다. 이 외에도 관련 박람회나 전시회 등의 참석, 급식 · 외식업체 견학 프로그램 운영 등도 개인 및 조직의 발전에 도움이 될 수 있는 교육 · 훈련기회를 적절하게 계획하도록 한다.

(5) 우수 종사원에 대한 관심과 혜택 제공

급식관리자가 작업수행을 잘하는 종사원에게는 신경을 쓰지 않고 대부분의 관리 업무시간을 작업수행을 잘못하는 종사원 지도와 감독에 할애하는 것은 바람직하지 못하다. 종사원이 맡은 바 작업을 성실하고 우수하게 수행한다고 해도 관리자의 관심과 칭찬을 받지 못한다면 인정욕구가 충족되지 못하고 근로의욕이 저하될 수 있다. 따라서 작업 수행도가 우수한 종사원에게 관심을 가지고 그들의 성장과 발전을 칭찬하고 격려해 주어야 한다. 이렇게 하면 작업 수행도가 낮은 종사원도 조직 내에서 상위관리자의 관심을 받기 위해서 더욱 열심히 업무에 임하려고 노력하는 분위기가 조성될 수 있다.

(6) 적극적인 칭찬과 격려

칭찬이나 격려는 전혀 돈이 들지 않는 보상이지만 일반적으로 기대 이상의 결과를 가져온다. 예를 들어, 관리자가 그날의 메뉴를 준비한 조리종사원에게 "오늘 ○

○○씨가 만든 음식은 정말 맛있어서 고객 반응이 매우 좋았어요."라고 한다면 이 한마디가 종사원에게는 주요한 직무만족의 요인이 될 수 있다. 또한 칭찬은 공개적으로 하는 것이 효과적이므로 가능한 한 많은 사람이 보는 앞에서 종사원의 공로를 인정해 주는 것이 필요하다. 급식소 내에 이달의 우수종사원 칭찬 게시판 등을 게시하는 것도 좋은 방법이다. 이 외에 개인적으로 축하할 일이 있다면 관리자가 손으로 직접 쓴 축하카드 등을 전달하는 것도 효과가 있다.

위에서 설명한 동기부여를 한마디로 요약하면 종사원을 올바르게 행동하게 하는 근원이라고 할 수 있을 것이다. 이와 같은 동기부여가 제대로 이루어지지 않으면 종사원의 직무만족도는 저하되고 종사원 개인뿐만 아니라 조직에도 부정적인 결과를 초래하게 된다. 예를 들면, 종사원의 결근이나 지각이 잦아지고 조직의 규칙을 어긴다든지, 절도나 동료들에게 위협적인 행동을 하는 등 올바르지 않은 태도와 행동이 나타날 수도 있다. 즉, 종사원의 직무만족도가 낮아지는 것은 개인의 문제로만 그치지 않고 생산성 저하 등으로 이어져 조직에 물질적 · 경제적 손실을 가져오게 된다. 따라서 급식관리자는 여러 가지 동기부여방법을 모색하고 종사원이 진정으로 바라는 것이 무엇인지를 인지하여 종사원이 그들의 직무와 조직 내에서 만족을 얻을 수 있도록 적극적으로 도와주는 역할을 해야 한다.

2. 의사소통

의사소통이란 개인과 개인 간에 의미를 가진 정보를 다양한 수단과 매체를 사용하여 옮기는 것이며, 조직의 입장에서는 공동의 목표를 달성하기 위해 사람들을 조직 내에서 연결하는 수단으로 정의할 수 있다. 종사원은 어떤 임무를 수행하기가 어렵다면 그 일은 피하려고 할 것이다. 종사원이 업무를 잘 수행하지 못할 경우, 대부분은 실패의 원인을 종사원의 잘못으로 돌려버린다. 그러나 많은 연구에서 종사원이 업무를 잘 수행하지 못한 경우 그 원인은 종사원에게 있기보다는 관리의 오류에서 오는 경우가 더 많다고 하였다.

종사원이 업무를 잘 수행하지 못하는 세 가지 이유는, 첫 번째 종사원이 무엇을 해야 하는지 정확히 알지 못하기 때문이고, 두 번째 어떻게 그 임무를 수행해야 하는지 방법을 모르기 때문이며, 세 번째는 왜 그 업무를 수행해야 하는지 알지 못하기 때문이다. 이 세 가지 경우 모두 종사원의 잘못이 아니라 관리의 잘못, 즉 업무에 대한 의사소통이 제대로 이루어지지 않은 경우에 발생할 수 있다. 따라서 종사원이 성실하고 완벽하게 임무를 수행하기를 원한다면 관리자는 우선 업무를 위한 명확한 의사소통체계를 확립해야 한다. 유능한 관리자는 의사소통을 위해 많은 시간을 할애하며 경청과 함께 상황에 적절한 의사소통 수단인 언어적 요소뿐만 아니라 비언어적 요소, 의사소통 경로, 피드백 등을 제공한다.

1) 의사소통과정

의사소통은 발신자에게서 수신자에게 메시지가 전달되어 반응을 이끌어 내는 역동적 과정이다. 그림 7-2에서 보듯이, 전달해야 할 생각들은 부호화되어 언어적 또는 비언어적 메시지의 형태로 전달된다. 수신자는 발신자의 의도가 담긴 메시지를 해석하여 피드백을 하게 되는데, 이때 소음이 이러한 의사소통과정을 방해할 수 있다. 다음은 원활한 의사소통을 하는 데 고려해야 하는 주요 요소들이다.

- 발신자sender, encoder : 의사소통과정을 시작하게 되는 발신자로서 의사소통 전에 메시지의 개념화와 부호화가 이루어져야 한다. 발신자의 의사소통의 기술,

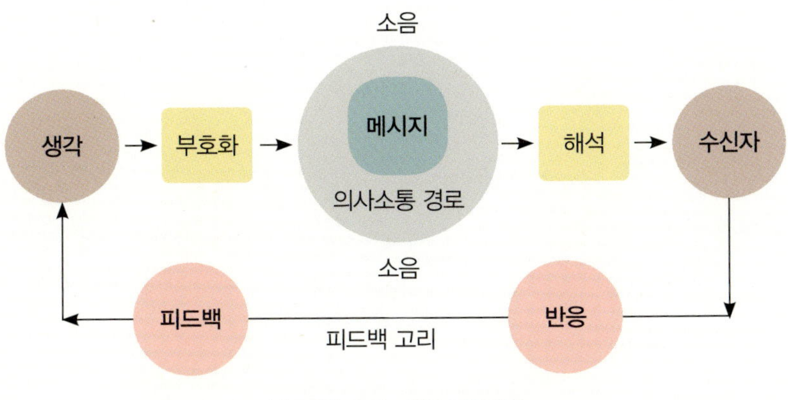

∷ 그림 7-2 의사소통과정

지식 정도, 태도가 의사소통의 효과에 영향을 미칠 수 있다.

- 부호화encoding : 발신자가 수신자에게 전달하려고 하는 메시지 형성을 말한다.
- 메시지message : 발신자가 수신자에게 전달하고자 하는 내용을 말한다.
- 의사소통 경로communication channel : 의사소통 경로는 메시지가 전달되는 방법을 말하는 것으로 언어적 의사소통구두, 서면, 비언어적 의사소통사진, 그림, 미디어를 통한 의사소통TV, 라디오, 신문, 책 등이 있다. 수신자가 발신자의 생각을 잘 이해할 수 있도록 다양한 방법을 취할 수 있으며 의사소통의 성패는 적절한 경로 선택에 달려 있다고 해도 과언이 아니다.
- 수신자receiver : 의사소통과정 중 발신자의 반대편에 위치해 있으며 발신자와 같은 다양한 특성에 따라 의사소통의 성패가 달라진다.
- 해석decoding : 수신자에 의해 해석된 메시지를 말한다.
- 피드백feedback : 발신자의 메시지에 대한 수신자의 반응 또는 표시로 이러한 반응을 통해 메시지의 전달과 교환이 이루어졌음을 알 수 있다. 피드백을 통해서 전달하고자 하는 내용이 잘 전달되었는가를 평가할 수 있으며, 의사소통기술을 향상시키는 자극이 될 수 있다.
- 소음noise : 발신자와 수신자 사이에서 효과적인 의사소통을 저해하는 요소들을 말한다. 자동차 소음, 사람이 많은 곳 등 외부 환경요인과 수신자와 발신자의 문화·경험의 차이, 발신자의 비언어적 요소, 어의語意상의 문제, 메시지의 명확성, 수신자의 심리적 상태, 부적절한 의사소통 채널 등도 효과적 의사소통을 방해할 수 있는 요소가 될 수 있다.

2) 의사소통의 유형

(1) 공식적 의사소통

조직 내에서의 공식적 의사소통의 예로는 문서를 통한 의사소통을 들 수 있다. 문서를 통한 공식적 의사소통은 동시에 많은 사람에게 정보를 전달하지 못할 때나 공식적 기록이 필요한 경우에 이용된다.

공식적 의사소통의 유형으로는 수직적 의사소통, 수평적 의사소통, 대각적 의사

표 7-1 공식적 의사소통 유형

구분	내용
수직적 의사소통	하향적 의사소통 : 조직의 권한 계층을 따라 상위 계층에서 하위 계층으로 전달되는 의사소통(예 : 공문발송, 업무지침 전달, 정책 설명)
	상향식 의사소통 : 조직의 하위 계층에서 상위 계층으로 전달되는 의사소통(예 : 업무보고, 제안제도)
수평적 의사소통	조직 내에서 부서와 부서 간, 동일 부서 내의 부분끼리의 의사소통
대각적 의사소통	직무 단위, 권한 계층이 다른 사람들 간의 직접적인 의사소통

소통 등이 있다표 7-1. 수직적 의사소통에는 공문 전달, 업무지침 전달 등의 하향적 의사소통과 업무보고, 제안제도 등의 상향식 의사소통이 있고, 수평적 의사소통은 구매팀과 위생팀 등 급식조직 내에서의 부서와 부서 간의 의사소통 등이 있으며, 대각적 의사소통은 직무 단위나 권한 계층이 다른 사람 간의 의사소통을 말한다.

수직적 의사소통 중 상향식 의사소통의 예인 종사원 제안제도는 조직의 발전을 위해 적극 활용할 필요가 있다. 보통의 경우 제안제도를 이용했을 때 약 15% 정도 받아들여지고 그중 1/4 정도만이 실제로 수행할 수 있는 의견이 된다고 한다. 관리자에게는 하찮은 내용일지 몰라도 종사원은 심사숙고해서 의견을 써낸 경우가 많기 때문에 제안제도를 실행할 때에는 관리자가 모든 의견을 살펴보고 각각 피드백을 해주어야 한다. 또한 종사원의 제안이 채택된 경우에는 적절한 보상을 해주어야 한다.

원활한 급식소 운영을 위해서 필요한 종사원 간의 의사소통도구로는 법적으로 갖추어야 하는 서류 이외에 직무기술서나 직무명세서, 작업지시서, 급식일지, 위생·안전관리일지, 구매 관련 서류 등이 있다. 특히, 종사원 매뉴얼과 인적자원관리지침 등은 규모가 큰 조직에서 많이 사용되는 것으로 이와 같은 문서는 인적자원을 관리하는 데 일관성과 공평성을 유지하도록 도와주고 인적자원관리와 관련된 의사결정을 내릴 때 도움이 된다. 급식소에서는 급식소 관리지침 등을 이용할 수 있는데, 이 내용으로 배식횟수, 배식시간, 급식소 운영시간, 구매관리나 저장관리 등 급식소 관리에 필요한 내용이 포함된다.

그 외에 급식소에서 의사소통 수단으로 사용될 수 있는 문서로는 게시판이나 사보 등이 있으며 네트워킹networking도 의사소통 수단의 한 예이다. 네트워킹은 보통 구두에 의한 의사소통으로 인식되고 있으나, 유용한 네트워킹은 문서 채널을 통하여 이루어지고 있으며 이메일E-mail이 대표적인 네트워킹의 예이다.

(2) 비공식적 의사소통

① 구두를 통한 의사소통

조직 내에서의 비공식적 의사소통 경로는 공식적 의사소통을 보완하기 위한 수단으로 발전되는데, 대화, 전화, 그룹토의 등에서 사용되는 구두를 통한 의사소통을 예로 들 수 있다. 구두를 통한 의사소통의 가장 큰 장점은 의사소통 즉시 상대방의 질문이나 동의 또는 표정 등을 통해서 피드백을 받을 수 있으며, 또한 문서를 통한 공식적 의사소통처럼 복잡한 경로나 도구가 필요하지 않다는 것이다. 그러나 구두를 통해 정보를 여러 단계로 전달하는 과정에서 그 내용이 왜곡될 수 있으므로 주의해야 한다.

② 그레이프바인

비공식 경로를 통한 의사소통의 또 한 가지 예는 그레이프바인grapevine이 있다. 이는 의사소통의 경로가 직선적인 것이 아니라 포도넝쿨과 같이 얽힌다는 의미에서 붙여진 이름이다. 그레이프바인을 통한 정보전달은 때때로 제대로 전달되지 않거나 그 내용이 왜곡되기도 하고 소문에 그치는 것도 있지만 이를 통해 정보를 빠르고 정확하게 얻을 수 있고, 종사원의 감정이나 느낌을 알 수 있기 때문에 어떤 조직에서든 그레이프바인과 같은 비공식적 의사소통은 매우 중요하다. 예를 들어, 종사원과의 자연스러운 의사소통을 통해서 공식적 의사소통 경로에서는 알 수 없었던 직무수행 시 어려웠던 점 등 직무와 관련된 구체적인 정보를 신속하게 얻을 수 있다. 따라서 효과적인 관리를 위해서 관리자는 종사원들 사이에 떠도는 소문이나 그레이프바인을 통한 정보를 완전히 무시하는 것은 옳지 않고 필요한 정보를 습득할 수 있는 도구로써 그레이프바인과 같은 비공식적 의사소통 경로를 잘 활용해야 한다.

3) 급식관리자의 의사소통기술

관리자는 종사원과의 의사소통 창구를 항상 열어 놓아야 한다. 의사소통이 제대로 되지 않으면 종사원은 당황하는 일이 많아지고 일에 대한 불만족도가 높아지며 그로 인해 종사원 서비스의 질 저하와 이직률 증가 등의 부정적인 결과가 발생하게 된다. 따라서 원활한 의사소통을 위해서 관리자는 의사소통기술에 대한 훈련을 받아야 하고 이를 통해 습득한 효과적인 기술을 사용할 수 있어야 한다. 관리자와 종사원 간의 의사소통은 매일 실시간 이루어져야 하는 것이 원칙이며 조직 내에서 건의함이나 제안서 등도 좋은 의사소통 창구가 될 수 있다. 다음은 종사원과의 효과적인 의사소통을 위하여 급식관리자가 고려해야 할 사항이다.

(1) 경청

"우리 영양사는 내가 하는 말을 알아듣기나 하는지 의심스러워!"
"우리 영양사는 자기가 듣고 싶어 하는 말만 듣는 것 같아."
"우리 영양사는 내 말을 자꾸 끊어."
"우리 영양사는 내가 이야기할 때 날 쳐다보지를 않아."

급식관리자가 이와 같은 이야기를 자주 듣는다면 경청의 기술이 부족한 것이다. 경청은 의사소통기술 중에서 가장 중요한 반면, 가장 잘못 수행되고 있는 것 중의 하나이다. 관리자는 종사원과의 의사소통에서 얼마나 많은 부분을 놓치고 있는지 점검해 보아야 한다. 경청에 대한 기술이 부족하면 보통 대화 중의 50%만을 이해하고, 이틀이 지나면 그중의 25%만을 기억하게 된다고 한다. 경청하지 않는 급식관리자에 대해 종사원이 불만을 가지게 되는 것은 자명한 일이고, 이것은 곧 급식관리자에 대한 불신으로 이어지게 된다.

듣는 기술이 부족한 것은 우리가 말하는 것보다 생각하는 것을 빨리하기 때문에 비롯되는 경우가 많다. 남들에게 이야기할 때에는 1분에 100~150마디 정도 하게 되지만 생각을 하는 경우 1분에 250~500마디가 된다. 따라서 남들의 이야기를 들을 때에는 듣는 속도와 생각하는 속도 사이에 차이가 나게 되며 제대로 경청하지 못하게 되는 것이다. 또 다른 장애물은 주방과 같이 소음이 많은 시끄러운 장소이다.

적극적인 경청은 저절로 얻어지는 것이 아니라 집중력에서 비롯되는 기술이라고 할 수 있다. 종사원이 하는 말 중에서 원하는 말만 골라 듣는 것이 아니라 종사원이 하고자 하는 말을 이해하려는 노력이 필요하다. 즉, 관리자는 종사원이 말하는 것뿐만 아니라 그 말을 할 때의 어투, 분위기 등을 파악해야 한다. 경청을 잘하는 사람은 종사원이 이야기할 때 방해하지 않고, 이해를 위하여 적절한 순간에 질문을 한다. 요컨대 적극적인 경청을 하는 사람은 주의력, 이해력, 반응의 세 가지 중요한 기술을 가지고 있다.

- 주의력은 말하는 사람에게 주의를 기울이고 있다는 신호를 적절한 말이나 행동으로 보여 주는 기술을 포함한다. 주의력을 표현하는 방법으로는 눈맞춤eye contact, 고객를 끄덕이는 행동이라든지 "계속 얘기해 보세요."와 같이 말로 대화를 이끌어 주는 것 등이 있다.
- 이해력은 말하는 사람의 비언어적 요소를 파악하는 기술을 의미한다. 비언어적 의사소통은 목소리, 몸짓, 또는 태도 등으로 상대방의 생각을 짐작하는 것이다.
- 말하는 사람에게 반응을 보이는 것은 적극적인 경청에서 매우 중요한 자세이다. 특히, 질문은 말하는 사람으로부터 더 많은 정보를 얻어내거나 느낌을 명확하게 표현하게 하는 등 말하는 상대방을 도와주는 역할을 한다.

(2) 종사원의 의견과 피드백을 얻는 기술

종사원은 본인의 일을 어떻게 진행했고 완성했는지 확실히 이야기해 줄 수 있는 위치에 있다. 따라서 종사원으로부터 어떤 정보나 피드백을 얻기 위해서는 관리자로서 먼저 의사소통의 장애물이 없는지 살펴보아야 한다.

의사소통의 방해요인 중 첫 번째는 많은 종사원이 상급자에게 피드백하는 것을 꺼려한다는 것이다. 예를 들어, 자신이 어떤 문제를 제기했을 때 오히려 비난의 대상이 되었거나 더 힘든 일을 하게 되었다든지 또는 어떤 의견도 받아들여지지 않고 항상 무시된 경우가 많았다면 종사원은 어떤 이야기도 하지 않으려 할 것이다.

두 번째는 종사원은 여러 가지 방법으로 피드백을 주는 경향이 있다는 것이다. 어떤 종사원은 장소나 옆에 있는 사람에 상관없이 자신의 생각을 이야기하는가 하면, 어떤 종사원은 조용하고 듣는 사람이 없는 장소에서만 자신의 생각을 이야기하는 경우가 있다. 따라서 종사원마다 다른 의사소통방식이 있다는 것을 이해하고 적절하게 대응하도록 해야 한다. 마지막으로 종사원과의 회의시간에 의견을 말할 것을 요청하면, 한두 명이 이야기를 주도해서 다른 종사원의 의견을 듣기가 어려운 경우가 생긴다. 따라서 관리자는 회의를 시작할 때 어떤 주제에 대해서 이야기할지를 정확하게 전달하고 회의 종료 전에는 다음 회의에서 상의할 내용도 미리 알려주는 것이 좋다. 또한 회의 시 모든 종사원이 한 번씩은 이야기할 수 있도록 하고 제안된 의견에 대해서는 편견 없이 수용한다. 그리고 종사원이 제시한 의견이 받아들일 수 없는 것이라면 왜 그 의견을 수용할 수 없는지 종사원이 이해할 수 있도록 쉽게 설명해주어야 한다.

(3) 부정적 말의 자제

같은 의미를 가진 말을 하더라도 단어의 선택은 매우 중요하며 듣는 사람에게도 많은 영향을 준다. 즉, 의사소통에서 강압적이고 명령적인 어조보다는 권유하는 말투가 훨씬 긍정적인 효과가 있다. 예를 들면, "못해요."라는 말보다는 "아직 해보지 않았는데요.", "도대체 뭐가 문제야?"보다는 "어떻게 하면 더 잘 할 수 있을까?" 등의 어휘 선택은 매우 중요하다. 또한 종사원에게 충고를 할 때 "그런데…"와 같은 부정적인 말은 쓰지 않는 것이 좋다. 종사원은 "그런데…" 이전에 들은 긍정적인 말은 모두 잊고 "그런데…" 이후에 나온 부정적인 말만 기억하기 쉽기 때문이다.

PART 3

급식소 외부고객관리

제3부에서는 급식소 외부고객을 대상으로 한 마케팅관리의 기초 이론과 급식 마케팅 믹스에 대한 내용을 포함하고 있다. 제8장에서는 급식소 마케팅관리의 특징과 개념 변화를 설명하고, 마케팅 조사 결과를 바탕으로 한 STP(시장세분화 · 시장표적화 · 포지셔닝)전략에 대해 다루었다. 또한 급식소에서의 고객만족의 개념과 고객만족 조사방법 및 고객만족에 영향을 미치는 급식 품질에 대해 설명하였다. 제9장에서는 급식 마케팅 믹스의 구성요소인 4P(상품, 가격, 경로, 촉진)에 대해 설명하고 급식소에서의 상품관리, 가격관리, 경로관리, 촉진관리에 대해 논의하였다.

CHAPTER

8

급식소 마케팅관리의 기초

1. 급식소 마케팅관리의 의의와 역할 | 2. 급식소 마케팅 조사
3. 급식소 마케팅의 STP전략 | 4. 급식소 고객만족

CHAPTER 8

급식산업 내의 경쟁이 치열해짐에 따라 급식소의 고객만족의 중요성이 커지고 있다. 따라서 고객이 급식상품에 만족하고 다시 선택하게 하기 위한 마케팅관리가 급식경영자의 주요한 관리활동으로 부각되고 있다. 이에 본 장에서는 급식경영자가 알아야 할 마케팅관리에 대한 기초적인 지식으로 마케팅관리의 특성과 개념의 변화, 마케팅 조사와 이를 바탕으로 한 STP(시장 세분화 · 시장표적화 · 포지셔닝) 전략에 대해 학습한다. 이어서 급식소에서의 고객만족의 개념과 조사방법에 대해 알아보고, 급식품질경영을 통한 고객만족에 대해 설명하였다.

1. 급식소 마케팅관리의 의의와 역할

1) 급식소 마케팅관리의 특징

직영 위주의 급식소가 대부분이던 과거에는 급식소의 식수가 비교적 안정적이었고, 고객의 욕구 또한 현재만큼 다양하지 않았기 때문에 급식소는 단순히 음식을 생산하여 낮은 수준의 서비스만을 제공하는 역할을 수행하였다. 그러나 급식시장의 성장률 둔화, 위탁급식업체 간 신규사업장 수주 경쟁의 심화, 산업체 경기 침체로 인한 식수 감소의 불안, 고객 욕구의 다양화 및 고급화 등 급식시장의 외부적 · 내부적 환경에 있어 수요 및 공급관계나 경쟁 양상 등의 모습도 변화하여 왔다.

과거의 급식환경에서는 급식경영활동으로 생산 및 운영관리, 원가관리, 인사관리만이 수행되었다. 그러나 오늘날과 같이 경쟁이 심화되고 고객의 욕구가 다양해지면서 가치를 창출하고 고객만족을 높이기 위한 마케팅활동이 대두되고 있다. 즉, 생산자 중심에서 고객 중심으로 사고가 전환되면서 생산 및 운영관리, 원가관리, 인적자원관리 기능들은 마케팅활동을 효과적으로 지원하는 통합적 마케팅 시스템으로 변모해 가고 있다그림 8-1.

마케팅marketing의 정의에 대하여 시대의 흐름과 학자에 따라 다양한 견해가 있다. 미국 마케팅협회American Marketing Association, AMA에서는 마케팅을 '고객과 조직의 목적을 충족시켜 주는 교환이 일어날 수 있도록 아이디어 · 제품 · 서비스의 개발,

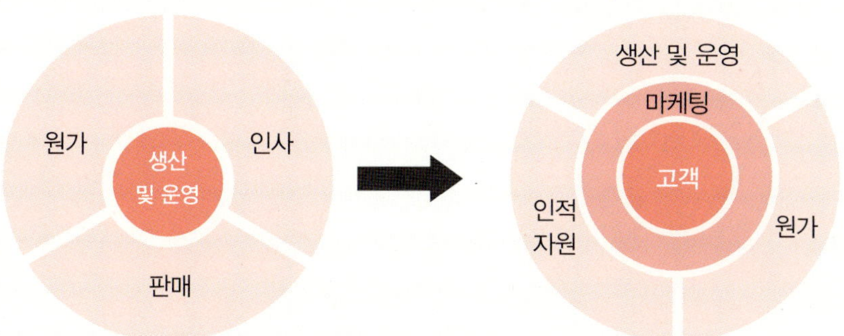

그림 8-1 마케팅 개념 도입 전과 후의 급식경영

자료 : Kotler(2015). 변형.

가격결정, 유통, 촉진을 계획하고 실행하는 과정'으로 정의하였다. 이러한 마케팅을 효과적으로 수행하기 위해서는 마케팅활동을 계획, 실행, 통제하는 마케팅관리가 필요하다.

급식소 마케팅관리란 '고객이 다른 가능한 식사를 선택하지 않고 해당 급식소에서 음식과 서비스를 제공받도록 하기 위하여 급식 환경과 고객, 경쟁업장 등에 대해 분석한 후 이를 반영하여 음식 및 서비스, 가격, 배식방법, 촉진을 계획 · 실행 · 통제함으로써 고객만족과 수익을 창출해 나가는 일체의 활동'으로 정의할 수 있다. 즉, 급식소 마케팅관리는 고객의 급식 수요를 관리하는 것과 관련된 활동을 의미한다.

2) 급식소 마케팅관리 개념의 변화

마케팅관리 개념은 마케팅 관리자가 마케팅활동을 할 때 가장 이상적이라고 생각하는 행동신념 또는 행동지향성으로 마케팅관리 이념이나 철학이라고도 한다. 마케팅관리 개념은 생산지향, 제품지향, 판매지향, 마케팅지향, 사회지향, 고속정보망지향 개념 등이 있다.

(1) 생산지향 개념(production concept)

수요가 공급을 초과하는 상황에서 고객은 저렴하고 쉽게 구매할 수 있는 제품을 선호한다고 보고 생산과 유통의 효율성 개선에 중점을 두는 마케팅관리 개념이다. 즉, 대량생산을 통한 원가절감으로 제품의 가격을 낮추어 시장점유율을 높이기 위한 활동에 자원과 노력을 집중하는 것이 특징이다.

과거 급식소의 식수가 안정적이고 고객들 또한 저렴한 가격으로 단순히 한 끼를 때우기 위해 급식소를 이용하던 시대에는 대량조리를 통한 생산성 향상에 치중하였다.

(2) 제품지향 개념(product concept)

제품의 공급이 풍부한 시장상황에서 가격에 대응하는 최고 품질의 제품을 고객이 선호한다고 보고 지속적인 기술 개발에 따른 품질 향상에 주력하는 마케팅관리 개념이다. 그러나 제품이 풍부하기 때문에 성능이 아무리 우수하더라도 가격이 맞지 않으면 고객이 구매하지 않아 경쟁력을 잃을 수 있다.

고객이 점차 타 급식소나 외부 식당들로 유출되면서 급식의 품질 개선을 통한 식수 증가에 노력을 기울였는데, 품질 향상에 따른 가격 상승으로 고객의 수요를 이끌어 내기에는 한계가 있었다.

(3) 판매지향 개념(selling concept)

기술의 발달과 혁신으로 생산성이 비약적으로 발전하여 공급이 수요를 초과하는 상황에서 판매 증대를 통한 이윤창출을 실현하기 위해 판매기술 개선에 중점을 두는 마케팅관리 개념이다. 이미 생산된 제품의 판매 증대에 초점을 두고 판매와 촉진활동에 많은 자원과 노력을 투입하다보니 단기적인 시장성과는 좋을 수 있으나, 고객의 욕구를 충족시킬 수 있는 제품생산에는 다소 소홀해지기 쉬워 고객과 장기적인 관계를 구축하는 데 문제가 있을 수 있다. 또한 급식시장의 경쟁이 치열해지면서 촉진활동을 통해 적극적으로 급식소를 알리기 위해 각종 이벤트를 실시하고 메뉴를 홍보하는 데 중점을 두다보니 고객의 욕구를 반영한 급식 제공에는 소홀해질 우려가 있다.

(4) 마케팅지향 개념(marketing concept)

고객지향적 사고를 기반으로 마케팅 조사에 많은 노력을 기울여 고객의 욕구를 파악한 후, 이를 충족시킬 수 있는 제품을 생산하여 경쟁사보다 더 효율적으로 제공함으로써 조직의 목표를 달성하고자 하는 마케팅관리 개념이다. 즉, 고객의 관점에서 전체적으로 통합되고 조정된 마케팅활동을 수행함으로써 고객만족을 통한 이윤창출을 실현하고자 한다.

오늘날 급식소에서는 다양화·고급화되고 있는 고객의 욕구와 기호를 주기적으로 파악해 이를 반영한 메뉴를 계획 및 개발하고 급식의 품질을 향상시킴으로써 고객의 만족을 증진시켜 재방문을 유도하고 있다.

(5) 사회지향 개념(societal marketing concept)

기업의 이윤을 창출함에 있어 고객만족뿐만 아니라 사회 전체의 이익도 동시에 고

그린 마케팅

그린 마케팅(green marketing)이란 기업이 상품을 개발, 생산, 유통, 소비하는 과정에서 단순히 고객의 욕구나 수요에만 초점을 두는 것이 아니라 환경에 대한 사회적 책임과 자연보호 및 환경오염 방지를 강조하는 환경 친화적인 마케팅 활동이다.

웰빙 식생활에 대한 관심이 고조되면서 급식에서도 친환경 식재료 등을 사용하여 고객의 건강과 환경을 동시에 고려한 그린 마케팅을 펼치고 있다. 즉, 친환경 농법에 의해 재배되는 유기농 식재료를 이용한 웰빙 메뉴 개발, 저탄소 식단 제공, 가공식품 사용 줄이기, 화학조미료 사용 금지 등을 통해 환경보전적인 급식을 실시하고 있다. 또한 음식물 쓰레기 감량화에 따른 잔반 줄이기, 일회용품 사용 자제, 에코 컵 사용 등도 적극 실천하고 있으며, 급식소의 테이블, 벽면, 세제 등에 대해서도 친환경 소재를 사용하고 있다.

사회 마케팅

일반적으로 기업의 마케팅 목적은 이윤을 극대화하기 위한 상품판매 증대와 시장점유율 극대화에 있다. 그러나 기업의 사회적 책임론이 거론되면서 공공의 건강, 안전, 환경 또는 사회복지 개선을 목표로 기업이 특정행동의 변화 캠페인을 기획하고 실천 및 지원하는 사회 마케팅(social marketing)이 대두되었다. 즉, 사회 마케팅은 출산장려, 헌혈운동, 이웃사랑 운동, 에너지 절약 캠페인, 환경보호 운동 등과 같은 사회적 이슈와 연관된 대중의 행동 변화에 초점을 둔다는 점에서 제품 판매가 목적인 상업적 마케팅과는 차이가 있다. 그러나 마케팅 전략인 4P를 모두 고려해야 하고 고객 중심적 태도가 중요하다는 점 등 방법론적인 측면에서는 상업적 마케팅과 크게 다르지 않다. 이러한 사회 마케팅을 통해 기업은 사회복지 향상에 공헌함으로써 이미지 제고 등의 효과를 얻을 수 있다.

일부 급식소에서는 결식아동, 독거노인, 장애인, 실직노동자 등을 위한 먹거리 지원사업인 푸드 뱅크(food bank) 활동, 사랑의 도시락 배달 캠페인, 무료급식 봉사활동, 사랑의 밥차 운영, 공부방 아이들을 위한 생일상 차려주기 봉사활동 등 소외된 이웃을 지원하는 각종 봉사활동에 참여하여 사회복지에 기여하고 있다.

려해야 한다는 마케팅관리 개념이다. 즉, 기업은 고객의 욕구를 충족시킬 뿐만 아니라 장기적 관점에서 사회적 약자에 대한 사회적 복지와 불특정 다수에게 영향을 미치는 환경 및 생태계 보존을 실현해야만 존속할 수 있다고 보고 이에 중점을 둔다.

실제로 급식에서도 고객에게 위생적이고 친환경적이며 안전한 식재료를 제공하고, 친환경 소재를 사용하여 급식소 환경을 개선하는 등 환경친화적 마케팅관리 개념을 도입하고 있다. 또한 사회지향적 마케팅관리 개념과 관련된 마케팅활동인 그린마케팅과 사회마케팅 등이 실시되고 있다.

(6) 고속정보망 지향 개념(electronic-oriented marketing concept)

다양한 소프트웨어가 개발되고 정보가 전산화됨에 따라 마케팅 지향적 개념과 사회지향적 개념에 정보통신기술을 접목하고 정보통신기기를 활용하는 마케팅관리 개념이다.

이러한 정보통신기술의 발달로 급식에서도 POSPoint of Sales : 판매시점 정보관리 시스템을 도입하고 있으며, 고객의 정보를 수집해 관리할 수 있는 데이터베이스를 구축

관계 마케팅

관계 마케팅(relationship marketing)은 신규 고객 창출보다는 기존 고객관리에 초점을 두고 기존 고객과의 유대관계를 유지하고 강화하는 고객 중심의 마케팅 활동이다. 고객들과 일대일 관계를 맺는다는 의미에서 관계 마케팅이라 불리며, 판매보다는 고객가치를 기반으로 고객의 개별욕구에 적합한 마케팅활동을 통해 차별화된 개인별 니즈를 충족시켜줌으로써 고객만족도를 극대화시키는 전략이다. 이를 위해 고객의 세부정보에 대한 데이터베이스 구축 및 관리가 필수적이며, 이전의 획일적인 마케팅전략에서 탈피해 고객관계관리(Customer Relationship Management, CRM)전략에 의한 세분화된 마케팅활동을 전개하여야 한다.

이러한 관계 마케팅의 효과는 다음과 같다. 첫째, 기존 고객과의 의사소통 강화를 통해 그들의 욕구를 충족시킴으로써 장기적인 유대관계를 구축하여 고객만족도와 충성도를 증가시킬 수 있다. 둘째, 신규 고객 유치 비용보다는 기존 고객 이탈 방지와 유지를 위한 가격할인, 사은품, 경품 등에 소요되는 비용이 더 적기 때문에 마케팅 비용을 절감하면서도 최대의 효과를 얻을 수 있다. 셋째, 고정고객의 자발적인 구두 홍보는 무료일 뿐만 아니라 유료 광고보다 신뢰성이 높아 더 큰 영향력을 발휘할 수 있다.

신규 급식시장의 확보가 어려워지고 있는 상황에서, 특히 위탁급식전문업체의 경우 기존 고객사와의 재계약을 위해 관계 마케팅이 중요해지고 있다. 이처럼 급식소에서도 관계 마케팅의 중요성이 강조되면서 POS 시스템과 설문조사, 불평조사 등을 통해 수집된 고객 정보를 데이터베이스화하여 고객의 특성, 급식소 이용시점 및 빈도, 선호 메뉴, 요구사항 등에 대해 분석하고 있다. 그리고 이를 급식소 메뉴 계획과 신메뉴 개발, 종사원 교육 등에 활용함으로써 고객들의 차별화된 욕구를 충족시켜 만족도를 높이고 고객과의 장기적인 관계를 형성하며 재방문을 유도하고 있다.

하여 관계 마케팅에 활용하고 있다. 또한 영양관리나 건강관리를 위한 모바일 애플리케이션을 개발하여 메뉴별 칼로리와 영양소 정보를 제공하고 맞춤형 메뉴를 추천해주며, 전문적인 건강관리 서비스를 제공하고 있다.

이와 같이 과거의 생산지향, 제품지향 및 판매지향 개념하에서는 급식에서도 고객의 욕구와 선호에 대하여 별다른 관심을 갖지 않았다. 그러나 대량조리 시설·설비와 기술의 발달로 수요에 비해 공급이 초과되었고, 그 결과 급식시장의 성격이 판매자의 시장seller's market에서 구매자의 시장buyer's market으로 전환되면서 마케팅의 중요성이 인식되기 시작하였다. 최근에는 고객지향적인 개념에서 더 나아가 윤리적 측면까지 포함한 사회지향 개념을 도입하는 동시에 IT 기술도 접목하여 마케팅활동을 전개하고 있다. 그러나 이러한 마케팅관리 개념은 급식시장의 수요 및 공급관계나 경쟁상황 등에 따라 단계적으로 변화하거나 혼재되어 나타날 수 있다. 즉, 급식경영의 환경 변화를 수용하고 적응하면서 상황에 따라 적절한 마케팅관리 개념을 도입하여야 한다.

2. 급식소 마케팅 조사

1) 마케팅 조사

마케팅 조사marketing research란 조직이 직면한 특정 마케팅 상황하에서 전략적 의사결정에 필요한 정보를 제공하기 위해 관련된 자료를 체계적으로 수집, 분석, 해석하는 과정으로 환경요인과 고객의 변화를 고려한다는 점에서 시장조사보다 포괄적이며 동적인 개념이라 할 수 있다. 마케팅 조사과정은 문제제기와 조사목표 정의, 조사 계획 수립, 자료수집 및 분석, 분석 결과 제시, 의사결정 순으로 이루어진다.

급식시장의 환경이 급변하고 포화상태에 이른 가운데 현재 및 잠재고객과 경쟁업체 등에 대한 정확한 정보를 파악하기 위한 마케팅 조사의 중요성이 커지고 있다. 이러한 마케팅 조사는 중요한 전략적 의사결정에 도움이 되는 정보를 제공할 뿐만 아니라 효과적으로 마케팅활동을 평가하고 통제할 수 있는 정보를 제공하여 다음 마케팅 계획 수립에도 도움을 줄 수 있다.

위탁급식전문업체 조직 내에 마케팅 부서가 존재하긴 하지만, 주 업무는 급식업장 개발에 있다. 과거에는 급식시장에 대한 마케팅 조사를 외부 전문조사기관에 의뢰하였으나, 최근 일부 대기업 위탁급식전문업체에서는 사업 노하우와 경험을 바탕으로 마케팅 조사를 직접 실시하기도 한다. 마케팅 조사에서는 급식시장의 규모 및 잠재력, 식수 및 매출액, 고객의 특성과 급식소 이용빈도, 메뉴 기호도, 고객만족도, 타 급식소의 경쟁력 등을 포괄적으로 조사하고 분석하여야 한다.

마케팅 조사자료는 조사자가 직접 또는 간접 수집했는지에 따라 각각 1차 자료 primary data와 2차 자료secondary data로 구분된다. 1차 자료는 현재 직면한 문제를 해결하기 위해 수집된 자료이며 자료수집방법으로는 관찰조사, 면접조사, 실험조사, 설문조사, 패널조사 등이 있다. 2차 자료는 다른 목적을 위해 수집되어 이미 존재하는 자료이며 내부자료와 외부자료로 분류된다. 내부자료는 기업경영과 관련하여 내부에 축적된 자료인 반면, 외부자료는 외부기관의 통계자료와 온라인 정보 검색 등을 통해 수집할 수 있는 자료이다. 이러한 2차 자료는 직접 수집한 1차 자료에 비해 조사시간, 비용, 인력을 절감할 수 있는 장점이 있으나, 다른 목적을 가지고 수집되었기 때문에 자료의 유용성 면에서 제한이 있다. 따라서 1차 자료를 얻기 전에 조사목적에 적합한 2차 자료의 존재 및 사용 가능성을 확인한 후 조사목적에 부합하는 2차 자료가 없거나 부족한 경우에 한해 1차 자료를 수집하는 것이 실용적이다.

2) 마케팅 환경분석

마케팅 환경marketing environment은 마케팅활동에 직·간접적으로 영향을 미치는 요인들의 집합이다. 급변하는 급식 마케팅 환경에 대응하기 위해서는 이에 대해 정확히 분석하여 마케팅전략을 수립하거나 수정하는 데 반영하여야 한다.

마케팅 환경분석은 크게 자사가 통제할 수 없는 외부환경분석과 통제가 가능한 내부환경분석으로 나뉜다. 첫째, 외부환경분석은 거시환경요인과 미시환경요인을 분석하는 것으로 거시환경요인에는 기업을 둘러싼 광범위한 환경요소인 인구통계 인구, 연령, 성별 등, 사회·문화생활방식, 가치관 등, 경제경제상황, 국민소득 등, 기술기술혁신, 특허 등, 정치법률, 제도 등, 자연환경공해, 원자재 수급 등 등이 포함된다. 미시환경요인에는 마케

외부 환경요인 \ 내부 환경요인	강점 (Strengths)	약점 (Weaknesses)
기회 (Opportunities)	SO 전략 내부강점과 외부기회요인을 극대화	WO 전략 외부기회를 이용하여 내부 약점을 강점으로 전환
위협 (Threats)	ST 전략 외부위협을 최소화하기 위해 내부강점을 극대화	WT 전략 내부약점과 외부위협을 최소화

∷ 그림 8-2 SWOT 분석

팅활동을 하는 데 필요한 세부 환경요소인 고객시장규모, 시장성장률, 경쟁사현재 경쟁사, 잠재 경쟁사 등이 해당된다. 둘째, 내부환경분석은 자사의 역량식수, 매출액, 브랜드 이미지, 기술력, 인적자원 등을 분석하는 것이다.

마케팅 환경분석도구 중 하나인 SWOT 분석은 자사의 내부적인 강점strengths과 약점weaknesses, 그리고 거시환경, 고객, 경쟁사 등 외부환경에 의한 기회opportunities와 위협threats요인을 분석하여 일목요연하게 제시하는 방법이다. 급식에서도 이러한 분석 결과를 토대로 급식소의 강점은 살리고 약점은 보완하며, 외부환경의 기회는 활용하고 위협은 억제하는 4가지 마케팅전략을 도출할 수 있다그림 8-2.

3) 소비자행동분석

급변하는 시장환경 속에서 다양한 소비자 욕구를 충족시키기 위해서는 소비자의 행동을 체계적으로 이해하고 있어야 한다. 소비자의 행동에 대해 정확하게 파악하지 못하면 이를 기초로 한 시장세분화나 표적시장 선정 등과 같은 마케팅활동을 효과적으로 전개할 수 없기 때문이다.

소비자행동consumer behavior은 개인이나 집단이 그들의 욕구를 충족시킬 것으로 기대하는 제품이나 서비스를 탐색, 구매, 사용, 평가, 처분하면서 보여 주는 행동 및 다양한 의사결정들의 집합으로 정의될 수 있다. 즉, 소비자행동은 구매활동 그 자체뿐만 아니라 구매 전 활동과 구매 후 인지적인 평가까지 포함하기에 포괄적인 성격을 가진다.

표 8-1 소비자행동에 영향을 미치는 요인

구분		내용
내적 요인	개인적 요인	연령, 직업, 경제적 상황, 라이프스타일, 개성, 자아개념
	심리적 요인	동기, 지각, 학습, 신념, 태도
외적 요인	문화적 요인	문화, 하위문화, 사회계층
	사회적 요인	준거집단, 가족, 역할 및 지위

소비자행동에 영향을 미치는 요인으로는 개인적 · 심리적 · 문화적 · 사회적 요인 등이 있는데표 8-1, 이러한 요인은 개별적으로 영향을 주기도 하지만, 서로 복합적으로 작용하여 영향을 미친다.

소비자행동은 정의에서 보듯이 다양한 의사결정들을 포함하기에 소비자행동을 이해하기 위해서는 소비자 의사결정과정에 대한 이해가 선행되어야 한다. 소비자 의사결정과정은 일반적으로 문제인식, 정보탐색, 대안평가, 구매, 구매 후 행동과정의 다섯 단계를 거친다그림 8-3. 하지만 특정상황에서 특정 제품에 대한 개인의 관심도를 뜻하는 관여도involvement에 따라 의사결정 단계가 단순해지기도 하고 복잡해지기도 한다. 즉, 고관여 소비자는 저관여 소비자에 비해 정보 탐색과 평가에 많은 시간과 노력을 투자하는 포괄적 의사결정을 한다.

급식소를 이용하는 고객들 역시 유사한 의사결정과정을 거치게 되는데, 첫째, 문제인식 단계에서는 현재 자신의 식사와 본인이 생각하는 바람직한 식사 간에 차이를 지각하거나 배고픔을 느껴 이를 충족시켜 줄 수 있는 수단에 대한 욕구가 발생

문제인식	정보탐색	대안평가	구매	구매 후 행동
실제 상태와 이상적 상태 간의 차이를 지각함으로써 이를 해결하려는 욕구가 발생하는 단계	문제해결을 위해 의사결정에 필요한 정보를 수집하는 단계	수집한 정보를 바탕으로 대안에 대해 평가기준에 따라 비교 · 평가하는 단계	욕구를 가장 잘 충족시켜 줄 수 있는 대안을 발견하여 구매하는 단계	기대수준과 구매 후 지각된 성과를 비교해 불만족 또는 만족을 규명하고, 만족 여부에 따라 재구매 의도와 구전행동이 형성되는 단계

그림 8-3 소비자 의사결정과정

하게 된다. 둘째, 정보탐색 단계에서는 문제인식 후 이를 해결하기 위해 과거 자신의 경험이나 구전, 매체, 광고 등으로부터 의사결정에 필요한 정보를 탐색하게 된다. 셋째, 대안평가 단계에서는 수집된 정보를 바탕으로 대안에 해당하는 급식소나 외부 식당 등을 평가한다. 즉, 음식 및 서비스 품질, 가격, 위치, 분위기 등의 평가기준에 따라 대안들을 비교·평가하게 된다. 넷째, 선택 단계에서는 자신의 욕구나 선택 동기를 가장 잘 충족시켜 주는 대안을 발견하여 최종 선택을 하게 된다. 다섯째, 선택 후 행동 단계에서는 급식소 선택 전 기대수준과 음식 및 서비스를 제공받은 후 지각된 성과를 비교하여 만족 또는 불만족을 경험하게 된다. 이러한 만족 또는 불만족경험은 재방문 의도와 구전행동에 영향을 미치게 되며, 만족을 경험할 경우 기억에 저장되어 향후 선택상황에서는 정보탐색이나 대안평가과정을 거치지 않고 재방문하게 된다. 따라서 급식관리자는 급식소에서 접수되는 고객들의 불만사항에 대하여 즉각적인 개선조치를 취함으로써 대안이 될 수 있는 타 급식소나 외부 식당으로의 고객의 유출을 줄이고 급식소 재방문을 유도하여야 한다.

3. 급식소 마케팅의 STP전략

마케팅전략 수립 시 핵심요소인 STP는 전체 시장을 다수의 동질적인 특성을 지닌 시장으로 세분화하고, 이 중에서 마케팅 자원을 투입할 표적시장을 선정한 후 표적시장에서 경쟁우위를 차지할 수 있도록 자리매김하는 활동이다. 이는 표적마케팅이라고도 불리며, 시장세분화segmentation, 시장표적화targeting, 포지셔닝positioning의 세 단계를 거친다.

1) 시장세분화

시장세분화란 전체 시장을 일정한 기준에 의해 유사한 특성을 보이는 고객집단으로 나누는 활동이다. 시장세분화의 기준으로는 인구통계적 변수, 지리적 변수, 심리적 변수, 행동 변수 등이 사용되는데그림 8-4, 최근에는 효과적인 시장세분화를

인구통계적 변수	지리적 변수	심리적 변수	행동 변수
• 성별 • 연령 • 소득 • 직업 • 학력 • 종교	• 지역 • 지형 • 기후 • 인구밀도	• 라이프스타일 • 개성 • 태도 • 사회계층	• 추구편익 • 이용경험 • 이용빈도 • 이용이유 • 브랜드 충성도

그림 8-4 시장세분화 기준

위해 한 개 이상의 변수를 결합해 사용하는 경우가 많아지고 있다.

급식시장을 어떤 기준과 관점에서 세분화할지 결정하는 것은 어려운 문제인데, 앞서 논의된 마케팅 조사와 환경분석, 소비자행동분석 결과를 바탕으로 시장을 세분화할 수 있는 기준을 정할 수 있다. 위탁급식업체에서는 일반적으로 급식시장을 학교, 병원, 오피스, 산업체, 군대 등의 직군별로 세분화하고 있다.

2) 시장표적화

시장표적화란 시장세분화를 통해 나누어진 각각의 세분시장에 대한 기회와 위협을 평가하여 마케팅전략을 펼칠 목표시장인 표적시장을 선정하는 활동이다. 세분시장을 평가할 때에는 세분시장의 규모와 성장성, 현재 및 잠재적 경쟁력, 자사의 목표와 자원 등을 고려하여야 한다. 세분시장을 평가한 후에는 세 가지 전략, 즉 집중화 전략, 차별화 전략, 비차별화 전략에 의해 공략할 하나 또는 복수의 표적시장을 선정한다그림 8-5.

급식시장의 환경이 급변하면서 위탁급식업체에서는 표적시장을 변경하거나 확대해 나가고 있는데, 최근 대기업 위탁급식업체들은 다양한 치료식 메뉴를 개발하여 차별화된 전문성을 내세우며 표적시장 중 하나로 병원 급식시장을 선정하여 공략하고 있다. 또한 병원이나 요양원 등의 위탁급식을 운영하며 축적한 노하우를 바탕으로 급식 가격대가 비교적 높은 고급 실버타운 급식시장을 새로운 표적으로 삼고 있다.

그림 8–5 표적시장 선정전략

(1) 집중화 전략

집중화 전략은 자사의 보유 자원이나 역량이 한정되어 있는 경우 세분시장들 중에서 하나의 표적시장을 선정하는 전략이다. 단일 세분시장을 선택해 집중적으로 마케팅 자원을 투입하다보니 제한된 시장 내에서 경쟁우위를 확보할 수 있다는 장점이 있다. 그러나 고객의 욕구가 갑자기 변화하거나 역량을 갖춘 대기업이 진입할 경우 대처가 어려워 위험이 따를 수 있다.

(2) 차별화 전략

차별화 전략은 고객의 욕구가 이질적이고 기업의 자원이 풍부한 경우 여러 개의 표적시장을 선정하는 전략이다. 복수 세분시장을 선택해 각 세분시장별로 차별화된 마케팅 전략을 수행하기 때문에 다양한 고객의 욕구를 충족시킬 수 있어 각 세분시장에서의 경쟁력 확보와 매출액 증대 등의 장점이 있는 반면, 마케팅 비용이 상승할 수 있다는 단점이 있다.

(3) 비차별화 전략

비차별화 전략은 각 세분시장의 동질성이 강하다고 보고 시장별 차이는 무시한 채 전체 시장을 하나의 표적시장으로 선정하는 전략이다. 고객욕구의 차이점보다는 공통점에 초점을 맞추어 상품을 개발하다보니 대량생산과 판매로 비용을 절감할 수 있으나, 다양한 고객의 욕구를 충족시켜 주지 못해 시장기회를 놓치는 경우가 발생할 수 있다.

3) 포지셔닝

포지셔닝positioning은 경쟁사와 비교해 자사 상품의 다른 차별요소를 표적시장 내 고객의 마음속에 인식시키기 위한 활동이다. 성공적인 포지셔닝을 위하여 먼저 고객의 욕구와 경쟁상황에 대한 정보를 수집하고, 자사의 상품 등이 경쟁사에 비해 경쟁우위를 갖는 요인이 무엇인지를 검토하여야 한다. 다음으로 차별화 요인을 선정한 후 이를 표적시장 고객에게 전달해야 하며, 시간이 흐름에 따라 경쟁환경과 고객 욕구가 변화될 경우에는 목표 포지션을 재설정하여 이동시키는 재포지셔닝이 필요하다.

급식에서도 표적시장 내 고객들이 중요하게 고려하는 요인과 급식소만의 독특하고 우수한 요인이 무엇인지 분석하여 도출하는 과정은 성공적인 포지셔닝을 위해 중요하다. 즉, 고객들이 급식소를 선택할 때 일반적으로 중요시하는 음식, 서비스, 가격, 위생, 위치, 분위기 등의 요인들 가운데 타 급식소나 외부 식당들에 비해 경쟁우위를 갖는 차별화 요인을 선정하여 이를 고객들이 정확하게 인식하도록 알려줌으로써 차별점을 부각시켜야 한다. 최근 대형 위탁급식전문업체들은 다양한 메뉴와 고품질의 급식을 원하는 고객의 니즈에 부합하여 프리미엄급식 브랜드화에 주력함으로써 고급 이미지로 포지셔닝을 하고 있다.

4. 급식소 고객만족

1) 고객만족의 개념

고객만족customer satisfaction은 고객유지 및 확보 차원에서뿐만 아니라 수익성 개선, 긍정적 구전, 마케팅 비용 지출 감소 등에 기여하기 때문에 마케팅 측면에서 중요한 요인으로 인식되어 왔다. 이러한 고객만족에 대한 정의는 관점에 따라 다양한

표 8-2 고객만족의 정의

관점	고객만족 정의
인지적 상태로 보는 관점	고객이 치른 대가에 대해 적절하게 또는 부적절하게 보상되었다고 느끼는 고객의 인지적 상태
평가로 보는 관점	선택된 대안과 사전 기대와의 일치 여부에 대한 고객의 평가
정서적 반응으로 보는 관점	사전 기대와 소비경험 후 실제 성과 사이의 차이로 인한 일치 또는 불일치와 같은 고객의 다양한 인지적 처리과정 후 형성되는 정서적 반응
인지적 판단과 정서적 반응의 결합으로 보는 관점	소비와 관련된 충족상태에 대한 반응으로 제품 및 서비스의 특성 또는 그 자체가 제공하는 고객의 욕구 충족 이행수준에 관한 고객의 판단

데, 크게 인지적 상태, 평가, 정서적 반응, 인지적 판단과 정서적 반응의 결합으로 분류될 수 있다표 8-2.

고객만족의 형성과정에 대해 설명한 가장 대표적인 이론은 올리버Oliver가 제시한 기대 불일치이론Expection-Disconfirmation Theory, EDT이다. 즉, 고객의 만족과 불만족은 고객이 제품이나 서비스를 구매하기 전에 가졌던 기대expectation와 실제 구입 후 지각된 성과perceived performance를 비교하여 결정되는데, 기대보다 성과가 크거나긍정적 불일치 같으면 일치만족하고, 기대에 성과가 못 미치면부정적 불일치 불만족하게 된다는 것이다.

고객의 기대 < 지각된 성과 ⇒ 긍정적 불일치 → 고객만족
고객의 기대 = 지각된 성과 ⇒ 일치 → 고객만족
고객의 기대 > 지각된 성과 ⇒ 부정적 불일치 → 고객불만족

이에 급식소 고객만족이란 급식소에서 제공된 음식과 서비스가 고객의 기대 수준 이상이라고 지각될 때 형성되는 성취 반응을 의미하며, 만족한 고객은 급식소를 재방문하여 충성고객이 된다. 이때 고객의 기대는 과거 경험, 구전, 홍보 등이 복합적으로 작용하여 형성되는데, 특히 고객의 구전은 잠재 고객 창출에 중요하게 작용한다.

그런데 만족은 정해진 주관적인 기대수준에 의해 좌우되므로 개인의 기대에 따

라 객관적으로 낮은 품질로도 만족을 얻거나 혹은 높은 품질로도 만족을 얻지 못하는 경우가 있을 수 있다. 따라서 급식에서 고객만족은 고객의 기대와 욕구에 부응한 일련의 결과로서 고객이 급식소를 재방문하고, 충성도가 높아져 신뢰감이 지속되는 상태라고도 정의할 수 있다. 최근 고객충성도 창출을 위해서는 고객만족이 필수적이긴 하지만 충분하지는 않다고 보고 고객만족을 넘어 고객감동의 필요성이 제기되고 있다.

2) 고객만족 조사

급식소에서는 고객만족 설문조사, 불평불만 및 제안시스템, 급식소 위장방문미스터리 쇼퍼, 이탈고객분석 등의 방법으로 고객만족을 조사할 수 있다. 특히, 고객만족 설문조사는 다문항 척도를 사용하여 측정하는데표 8-3, 고객만족에 영향을 미치는 요인들인 음식의 맛, 양, 온도, 위생, 메뉴 다양성 등의 음식요인과 종사원의 태도, 청결, 급식소 분위기, 물리적 환경 등의 서비스요인, 가격요인 등에 대한 만족수준을 측정하도록 구성되어야 한다. 그런데 급식대상별로 고객만족에 영향을 주는 급식의 특성요소에는 차이가 있기 때문에 각기 다른 척도를 개발해 고객만족도를 측정하는 것이 바람직하다. 이를 통해 급식소의 경쟁력을 파악하고 고객의 불만족요인을 개선함으로써 고객지향적인 경영활동을 전개할 수 있다. 실제로 급식소에서는 오프라인이나 온라인 고객만족 설문조사를 정기적으로 실시하고 있을 뿐만 아니라 고객만족 모니터링 시스템과 고객 코멘트카드 등을 통해 수시로 고객의 의견을 수렴하여 불만사항에 대한 즉각적인 개선조치를 취하고 급식운영에 반영하고 있다.

3) 급식품질과 고객만족

품질quality에 대한 정의는 시대에 따라 변화되어 왔다. 과거에는 단순히 '규격 적합성'으로 정의되었으나, 현대에 이르러서는 전략적 개념인 '고객욕구의 충족'으로 바뀌었다. 이에 따라 품질의 대상도 제품뿐만 아니라 서비스까지 확대되었으며, 마케팅활동에도 품질은 중요한 영향을 미치고 있다. 미국품질관리협회American Society for Quality Control에서는 품질을 '고객의 욕구를 충족시킬 능력을 지닌 제품이나 서비

표 8-3 급식소 고객만족도 평가 설문지

순서	내용	매우 그렇지 않다	그렇지 않다	어느 쪽도 아니다	그렇다	매우 그렇다
1	음식의 맛에 만족한다	1	2	3	4	5
2	음식의 양에 만족한다	1	2	3	4	5
3	음식의 위생적 품질에 만족한다	1	2	3	4	5
4	음식 재료의 신선도에 만족한다	1	2	3	4	5
5	음식의 온도에 만족한다	1	2	3	4	5
6	음식의 외관 및 모양에 만족한다	1	2	3	4	5
7	음식의 다양성에 만족한다	1	2	3	4	5
8	음식의 영양적 균형에 만족한다	1	2	3	4	5
9	종사원의 친절성에 만족한다	1	2	3	4	5
10	종사원 서비스의 일관성에 만족한다	1	2	3	4	5
11	불만에 대한 즉각적인 반응 및 조치에 만족한다	1	2	3	4	5
12	식단안내와 영양정보 제공에 만족한다	1	2	3	4	5
13	배식시간의 신속 및 정확성에 만족한다	1	2	3	4	5
14	종사원의 복장과 외모의 청결에 만족한다	1	2	3	4	5
15	급식소 내부시설의 청결성에 만족한다	1	2	3	4	5
16	이용자 수 대비 좌석 수에 만족한다	1	2	3	4	5
17	좌석의 편안함에 만족한다	1	2	3	4	5
18	식판, 수저, 컵 등 식기의 청결에 만족한다	1	2	3	4	5
19	급식소의 분위기에 만족한다	1	2	3	4	5
20	급식소의 환기상태에 만족한다	1	2	3	4	5
21	급식소의 냉 · 난방관리에 만족한다	1	2	3	4	5

* 1~8 : 음식 요인, 9~13 : 무형적 서비스 요인, 14~21 : 유형적 서비스 요인

스의 특징 및 특성 전체'라고 정의하였다.

품질은 고객만족에 영향을 주는 요인 가운데 하나임에도 불구하고 간혹 두 개념

이 혼용되는 경우가 있다. 그러나 품질은 제공되는 제품과 서비스가 '어떠해야 한다'는 규범적 기준을 근거로 평가되는 반면, 고객만족은 제공되는 제품 및 서비스가 '어떠할 것이다'라는 예측적 기준을 근거로 평가된다. 또한 고객만족은 고객의 감정적 과정에 영향을 받기 때문에 품질에 비해 보다 더 주관적인 평가라 할 수 있다.

급식에서의 품질이란 '고객의 욕구에 부응하는 음식과 서비스 등의 총체적 특성'이라 할 수 있다. 즉, 복합산업인 급식산업에서의 품질 개념에는 유형의 음식품질과 음식을 전달하는 과정 및 행위인 무형의 서비스 품질 등이 모두 포함된다. 따라서 급식품질을 측정할 때에는 음식 및 서비스 품질 등의 구성요인이 종합적으로 포함된 다문항 척도를 사용하여 급식소에서 제공되는 음식과 서비스가 갖추어야 할 규범적 기준을 근거로 평가하여야 한다.

그런데 이러한 급식품질 측정 시 서비스 품질 측정도구인 서브퀄SERVQUAL이 사용되는 경우가 있다. 그러나 서브퀄은 일반적인 서비스 품질과 관련된 내용만을 포함하고 있을 뿐 음식품질에 관한 내용은 포함하고 있지 않기 때문에 이를 그대로 사용해서는 급식품질을 제대로 측정할 수 없다. 서브퀄은 다섯 가지 서비스 품질 차원인 유형성, 신뢰성, 응답성, 확신성, 공감성에 대한 고객의 서비스 기대수준과 경험 후 인식수준 차이로 서비스 품질을 측정하는 척도이다표 8-4. 서비스 품질에는 제품 품질과 달리 서비스의 결과뿐만 아니라 서비스 전달과정의 평가까지 포함된다. 또한 객관적인 척도로 측정되기 어렵기 때문에 고객의 인식을 토대로 측정되고 있으며, 측정도구로는 서브퀄SERVQUAL 이외에도 서브펄프SERVPERF와 다인서브DINESERV 등이 활용되고 있다. 서브퀄 모형을 기반으로 개발된 서브펄프는 서비스 성과만으로 서비스 품질을 측정하는 도구이며, 다인서브는 레스토랑의 서비스 품질을 측정

표 8-4 서비스 품질 결정요인

서비스 품질 차원	내용
유형성(tangibility)	물리적 시설, 기구, 종사원의 외모
신뢰성(reliability)	약속된 서비스를 정확하게 수행하는 능력
응답성(responsiveness)	고객을 돕고 신속하고 즉각적인 서비스를 제공하려는 태세
확신성(assurance)	종사원의 지식과 친절함, 신뢰와 안정감을 전달하는 능력
공감성(empathy)	고객에게 제공하는 개별적 배려와 관심, 원활한 의사소통

하기 위해 개발된 도구이다.

대형 위탁급식전문업체에서는 급식소의 고객만족을 위한 급식 품질개선 차원에서 종합적 품질경영Total Quality Management, TQM을 도입하고 있을 뿐만 아니라, 국제표준화기구International Organization for Standardization, ISO의 인증을 획득하여 급식품질 및 환경, 안전에 관한 책임경영 시스템을 구축하고 있다.

종합적 품질경영(TQM)

종합적 품질경영이란 지속적인 품질개선을 목표로 모든 조직구성원이 참여해 공정 및 조직활동을 개선해 나가는 전략적 품질혁신 기법이다. 이를 통해 품질을 향상하여 고객만족을 극대화함으로써 궁극적으로는 조직의 경쟁력을 확보하여 장기적인 성장을 추구하려는 것이다. 우리나라에서는 전사적 품질경영, 총체적 품질경영, 지속적 품질개선 등의 용어로 사용되고 있다.

종합적 품질경영의 기본 원칙은 고객 중심, 공정개선, 전사적 참여이며, 지원요소로는 리더십, 교육과 훈련, 지원조직, 의사소통, 보상과 인정, 측정 등이 포함된다. 이러한 종합적 품질경영은 생산 기능에 국한된 통계적 품질관리(Statistical Quality Control, SQC)나 사업부 단위에서의 생산공정 개선 및 생산성 향상을 추구하는 종합적 품질관리(Total Quality Control, TQC)를 포괄하는 상위 개념이다.

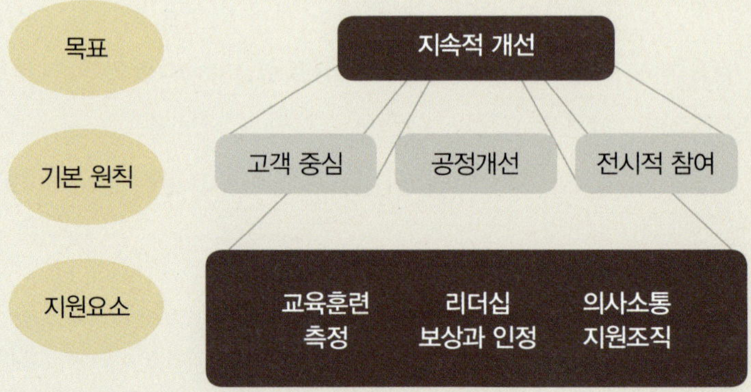

종합적 품질경영의 실행

CHAPTER 9

급식 마케팅 믹스

1. 급식상품관리 | 2. 급식가격관리 | 3. 급식경로관리 | 4. 급식촉진관리

CHAPTER

9

마케팅관리를 수행하기 위한 가장 기본적인 도구가 마케팅 믹스이다. 본 장에서는 마케팅 믹스의 구성요소인 4P, 즉 상품, 가격, 경로, 촉진에 대해 설명하고, 각각의 관리방안에 대해 급식소를 중심으로 논의하였다.

마케팅 믹스란 표적시장에서 계획한 마케팅 목표를 효과적으로 달성하기 위하여 사용하는 통제 가능한 마케팅 요소들의 조합을 뜻한다. 전통적 마케팅 믹스의 구성요소로는 제품product, 가격price, 경로place, 촉진promotion이 있으며, 이를 4P라고 한다그림 9-1. 이러한 네 가지 요소는 제품을 중심으로 한 기존의 제조업에 적합한 형태이기 때문에 서비스산업에서는 전통적 마케팅 믹스에 사람people, 프로세스process, 물리적 증거physical evidence를 추가하여 7P로 불리는 확장된 마케팅 믹스가 적용되고 있다.

마케팅 믹스 요소들은 상호의존성이 높아 효과적인 조합을 통하여 마케팅 효과를 극대화시킬 수 있는데, 효율적인 마케팅 믹스 통합을 위해서는 마케팅 믹스 사이에 일관성, 통합성, 시너지효과를 고려하여야 한다. 또한 시장상황이나 제품특성, 기업의 특성에 따라 효율적인 믹스 조합이 달라지며 환경 변화에 대응하여 수정되어야 한다.

급식산업은 제품산업과 서비스산업의 특성을 모두 가진 복합산업이기에 급식 마케팅 믹스는 제품 마케팅 믹스와 서비스 마케팅 믹스의 중간 개념으로 이해하여야 한다. 이에 본 교재에서는 급식 마케팅 믹스 요소 중 하나인 product를 제품과 서비스의 성격을 동시에 갖는 상품의 개념으로 보고 4P를 중심으로 급식 마케팅 믹스 전략에 대해 설명하되 전통적 마케팅 믹스 외에 서비스 마케팅 믹스에서 추가된 사람, 프로세스, 물리적 증거요소들을 상품관리에서 함께 다루기로 한다.

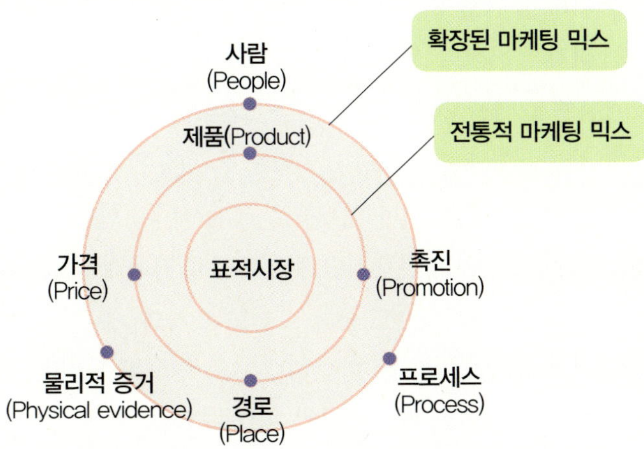

그림 9-1 마케팅 믹스 요소

1. 급식상품관리

상품은 고객의 욕구를 충족시킬 수 있는 유형 또는 무형의 모든 것으로 마케팅 믹스의 가장 중요한 요소이다. 급식상품에는 제품적 특성을 지닌 유형의 음식뿐만 아니라 종사원이 고객과의 접점에서 무형의 서비스를 전달하는 과정, 그리고 급식소의 물리적 환경과 유형적 요소, 브랜드 등이 포함된다. 따라서 급식상품관리란 고객에게 제공하기 위한 음식과 서비스, 브랜드 등의 상품 구성요소들을 종합적으로 계획, 생산, 유지하는 활동을 뜻한다. 실제로 음식과 서비스를 관리상에서 완전히 분리하기는 어렵지만, 각각에 대하여 논의하고 급식 브랜드관리에 대해서도 살펴보기로 하겠다.

1) 음식관리

급식에서의 핵심 상품은 음식이라 할 수 있다. 이러한 음식관리에는 음식 품질관리와 급식 머천다이징foodservice merchandising 등과 같은 하위 믹스 요소들이 포함될 수 있다.

(1) 음식 품질관리

음식 품질관리는 음식의 품질요소인 영양, 기호, 위생 등에 대한 관리활동을 의미한다. 급식관리자는 고객의 영양요구를 충족시키기 위하여 급식대상별 영양소 섭취기준에 근거하여 식단을 계획하여야 한다. 그리고 주기적인 메뉴 기호도 조사를 실시해 고객의 기호를 반영한 메뉴를 제공하는 동시에 기존 메뉴 평가 후 개선이 필요한 경우에는 수정 및 보완하거나 신메뉴로 대체하여야 한다. 또한 고객에게 메뉴 선택의 기회를 부여할 수 있는 선택식단제를 도입해 확대해 나갈 필요도 있다. 실제로 위탁급식업체에서는 정기적으로 메뉴 트렌드 조사와 메뉴개발 콘테스트 개최를 통해 신메뉴를 개발하고 있으며, 웰빙 트렌드를 반영한 저칼로리, 저나트륨, 저지방 등의 건강식 메뉴를 개발하고 있다. 특히, 급식소에서는 음식의 위생 및 안전성 확보가 무엇보다도 중요한데, 이를 위해 식재료 규격 표준화와 품질기준을 마련하고,

HACCP

식품안전관리인증기준(Hazard Analysis Critical Control Point, HACCP)은 식품의 원재료부터 제조, 가공, 보존, 유통의 단계를 거쳐 최종 소비자가 섭취하기 전까지의 각 단계에서 발생할 우려가 있는 위해요소를 규명하고, 이를 중점적으로 관리하기 위한 중요관리점을 결정하여 위해물질이 혼입되거나 오염되는 것을 사전에 방지하여 체계적으로 관리함으로써 식품의 안전성을 확보하는 위생관리체계이다.

단체급식 분야에서도 지난 2000년 말 개정된 식품위생법에 의거 급식의 안전성 확보를 위해 HACCP이 적용된 이후 HACCP 지정을 받는 급식업체가 매년 늘어나고 있다. 특히, 학교 급식에서는 2001년부터 HACCP이 전면 도입되었으며, 교육부에서는 학교 급식에 적용할 수 있는 일반적인 HACCP 모델을 개발하여 전국의 모든 학교에서 시행하고 있다. 병원 급식에서는 환자 질환에 따른 저염식, 당뇨식 등 치료식의 HACCP 지정을 위해 모든 메뉴에 들어가는 식자재의 위생과 품질에 대해 관계기관으로부터 승인을 받고 있다. 또한 위탁급식업체에서 운영하는 병원 급식업장도 HACCP 시스템 지정을 받아 조리공정상 발생할 수 있는 위해요소를 사전에 제어 · 관리하는 체제를 완성하여 급식품질을 향상시키고 있다.

식품안전관리인증기준HACCP과 같은 위생관리 시스템을 구축해 식재료 구매과정부터 조리, 배식에 이르기까지 체계적으로 관리하여야 한다.

(2) 급식 머천다이징

급식에서도 표적고객이 원하는 차별화된 상품구성을 위해 머천다이징merchandising, 즉 상품화 과정이 필요하다. 이를 위해서는 급식의 차별화된 가치를 표현하고 연출

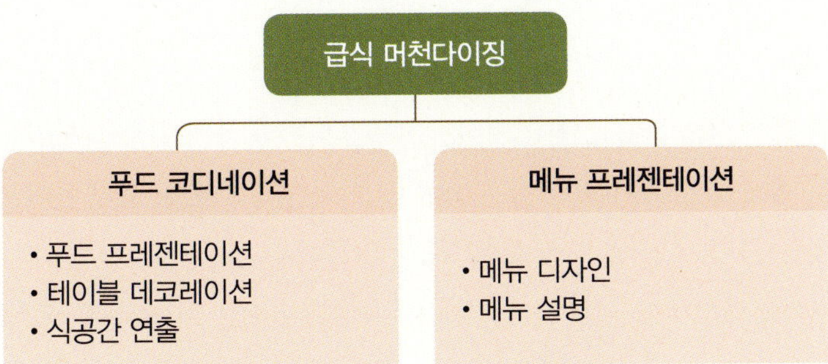

그림 9-2 급식 머천다이징의 하부요소

하는 푸드 코디네이션food coordination과 메뉴 프레젠테이션menu presentation에 대한 계획 및 구성 등이 중요하다그림 9-2.

① 푸드 코디네이션

음식의 품질과 더불어 이에 부합되는 급식소 분위기, 테이블 세팅, 식기에 담긴 음식 모양, 조명, 음향 등이 급식소에서의 중요한 마케팅 영역으로 부상하고 있다. 푸드 코디네이션은 시각적으로도 만족도가 높은 급식을 고객에게 제공하기 위하여 음식과 테이블, 식공간 등이 전체적으로 조화를 이루도록 연출하는 것이다. 즉, 푸드 프레젠테이션food presentation, 테이블 데커레이션table decoration 및 식공간 연출dining environment display과 관련된 것이다.

첫째, 푸드 프레젠테이션은 음식의 적절한 배치, 그리고 음식과 이를 담는 식기와의 조화 등을 통해 시각적으로 음식의 특성을 부각시키는 것으로 푸드 스타일링이라고도 한다. 특히, 고객의 식욕을 자극하기 위하여 음식을 담아내는 식기의 색, 모양, 촉감, 재질 등이 음식과 조화를 이루는 동시에 급식소 분위기 및 급식대상별 정서와도 어울려야 한다.

둘째, 테이블 데커레이션은 음식과 조화를 이루는 테이블클로스table cloth, 테이블매트table mat, 러너runner, 냅킨napkin, 센터피스centerpiece 등을 이용해 음식을 시각적으로 돋보이게 함으로써 음식의 가치를 높이는 것이다.

셋째, 식공간 연출은 조명, 벽, 커튼, 음악 등을 활용해 급식소에서 고객의 식사가 이루어지는 공간을 연출하는 것이다. 식공간은 급식대상별 특성과 콘셉트에 적합하면서도 음식의 식감을 살릴 수 있도록 조성되어야 한다.

② 메뉴 프레젠테이션

메뉴는 급식소를 운영함에 있어서 내적인 통제도구일 뿐만 아니라 중요한 마케팅 도구이다. 이에 따라 메뉴판에 제시된 정보를 통해 급식소에서 제공되는 메뉴의 차별성과 가치를 강조하여 고객의 수요를 높여야 한다. 메뉴 프레젠테이션은 메뉴 디자인과 메뉴 설명 등에 대한 계획 및 구성과 관련된 것이다.

첫째, 메뉴 디자인이란 일반적으로 메뉴판 디자인을 뜻하며 메뉴 계획을 거쳐 선정된 메뉴를 메뉴판에 옮기는 과정이다. 급식소의 전체적인 콘셉트와 메뉴판의 크

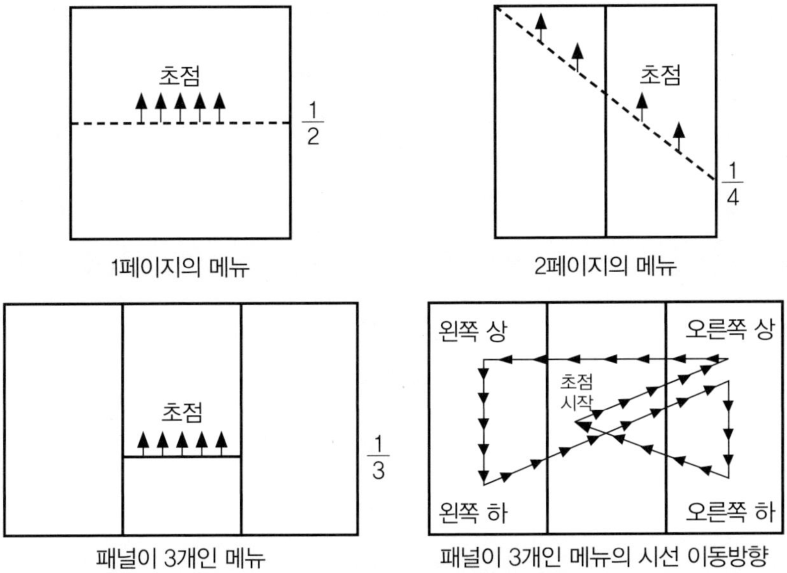

그림 9-3 메뉴판과 시선의 이동방향

자료 : Miller & Pavesic(1996).

기 및 색상, 메뉴 아이템의 배열, 활자체 및 크기, 사용 종이의 질, 표지 등이 조화를 이루고, 기능성과 심미성을 동시에 고려해 디자인되어야 한다. 특히, 수익성이 높은 메뉴는 전략적으로 고객의 시선이 집중되는 위치에 배치되도록 한다그림 9-3.

둘째, 메뉴 설명은 메뉴에 대한 정보인 식재료명과 원산지, 조리방법, 영양정보, 가격 등을 메뉴판에 기술하고 음식사진을 게재하는 것을 의미한다. 메뉴에 대한 각종 정보는 간단명료해야 하며, 고객에게 전달하고자 하는 메시지를 효과적으로 전달할 수 있어야 하는 동시에 고객의 식욕을 자극시켜 수요를 촉진할 수 있어야 한다.

2) 서비스관리

급식에서의 서비스관리는 종사원이 고객에게 음식을 전달하는 과정 및 행위에 대한 관리활동이라 할 수 있다. 서비스는 종사원과 고객 간의 접점에서 이루어지는데, 고객은 이때 발생하는 상호작용에 따라 서비스 품질을 지각하기 때문에 서비스를 제공하는 종사원뿐만 아니라 급식소 내 다른 고객들을 효과적으로 관리하여야 한다. 이를 위해 고객과의 접점에서 제대로 역할을 수행할 수 있는 종사원을 선발하고, 서비스 매뉴얼을 개발하여 교육과 훈련을 시키고 동기를 부여하는 등의 내부 마케팅이 선행되어야 한다. 아울러 고객의 불평이나 클레임을 신속하게 처리하고 개선해 나감으로써 고객과의 장기적인 유대관계를 형성하여 재방문으로 이어질 수 있도록 체계적으로 관리하여야 한다.

서비스가 고객에게 전달되는 과정이나 다양한 활동의 흐름을 서비스 프로세스라 하는데, 급식소를 방문하는 고객은 음식을 제공받으면서 서비스가 전달되는 모든 과정을 경험하고 직접 볼 수 있다. 그래서 서비스 프로세스는 고객으로 하여금 서비스 품질을 결정하는 데 중요한 역할을 할 뿐만 아니라 고객만족과 재방문 의사에 결정적인 변수로 작용한다. 서비스 프로세스는 성격에 따라 표준화와 개별화로 분류될 수 있는데, 다수의 고객을 대상으로 음식을 서비스하는 급식소의 특성상 표준화된 서비스를 기본으로 하되 프리미엄 급식소에서는 개별화된 서비스를 적절하게 혼합해 운영함이 바람직하다. 실제로 프리미엄 급식소에서는 획일화된 식판 대신 개별 식기로 급식을 제공하고 테이블 서비스 등을 운영하고 있다.

그런데 서비스는 무형적인 특성을 지니고 있기에 서비스 수준이나 품질을 유형화시킬 수 있는 단서인 물리적 증거가 중요해지고 있다. 즉, 물리적 증거란 종사원으로부터 서비스가 제공되고 급식소와 고객의 상호작용이 이루어지는 모든 유형적 요소를 뜻한다. 물리적 증거에는 급식소 의자, 테이블, 분위기, 온도 등의 내부환경과 급식소 외관, 주변환경 등의 외부환경, 그리고 종사원 복장, 영수증, 웹사이트 등의 기타 유형적 요소가 포함된다. 이러한 물리적 증거는 서비스를 차별화시켜 주는 역할을 하며, 고객의 기대와 평가에 영향을 줄 뿐만 아니라 고객의 급식소 선택에도 영향을 미친다.

서비스 마케팅

서비스 마케팅(service marketing)은 기업이 내부고객인 종사원을 대상으로 한 내부 마케팅(internal marketing), 고객을 대상으로 한 외부 마케팅(external marketing), 종사원과 고객 간 상호작용 시점에서의 상호작용 마케팅(interactive marketing)이 삼위일체로 결합해 이루어져야 한다. 이러한 각 요소는 모두 고객들에게 약속하고 이를 지키는 것과 관련된 것이다.

첫째, 서비스 마케팅 삼각형의 왼쪽은 내부 마케팅으로 서비스를 전달하는 종사원을 교육하고, 동기를 부여하며, 보상하는 활동 등을 의미한다. 이를 통해 종사원들은 고객과의 약속을 전달하고 지킬 수 있는 준비와 능력을 갖추게 된다.

둘째, 서비스 마케팅 삼각형의 오른쪽은 외부 마케팅으로 서비스가 제공되기 전에 기업이 고객에게 전달하려는 서비스에 대해 약속하는 모든 활동으로 광고, 판매촉진, 홍보 등의 전통적 마케팅 요소 이외에도 인적자원과 물리적 시설 및 설비 등이 고객에게 의사를 전달하는 수단으로 활용될 수 있다.

셋째, 서비스 마케팅 삼각형의 아래쪽은 상호작용 마케팅으로 고객접점 마케팅 또는 리얼타임 마케팅(real-time marketing)이라고도 한다. 고객과의 약속이 전달되는 접점에서 종사원과 고객은 직접적으로 접촉하여 상호작용하게 되는데, 이러한 진실의 순간(Moment of Truth, MOT)을 관리하는 것을 상호작용 마케팅이라 한다. 기업이 외부 마케팅을 통해 한 약속을 상호작용 마케팅 시점에서 지키는지에 따라 고객의 만족 또는 불만족이 결정되기 때문에 외부 마케팅을 통해 약속하는 것과 상호작용 마케팅을 통해 전달하는 것 사이에 능동적인 연계는 매우 중요하다.

이와 같이 내부 마케팅을 통해 종사원의 만족이 선결되어야만 외부 마케팅을 통해 고객에게 약속한 서비스를 고객접점에서 지키게 되어 기업과 고객 모두 만족할 수 있다. 즉, 서비스 마케팅 삼위일체 요소가 각각의 위치에서 균형을 이루어야만 성공적인 서비스 마케팅을 수행할 수 있다.

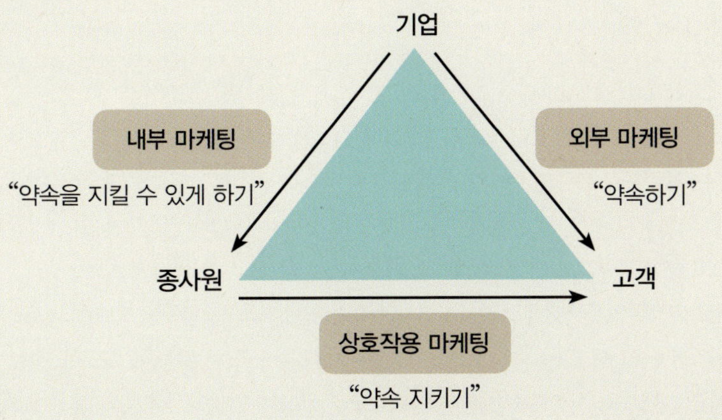

서비스 마케팅 삼위일체

자료 : Kotler(1998). 변형.

3) 브랜드관리

브랜드brand란 자사 상품에 정체성을 부여하고 경쟁업체의 상품과 차별화하기 위하여 사용하는 브랜드명, 로고, 슬로건 등과 같은 형태 또는 이들이 결합된 형태를 의미하며, 고객과의 커뮤니케이션에 매우 중요한 역할을 한다. 브랜드가 가지는 급식소만의 차별화된 가치와 개성은 브랜드 인지도와 브랜드 이미지를 제고시키고, 이는 브랜드 선호도로 이어져 브랜드 충성도 형성의 근간이 된다. 이와 같이 고객으로 하여금 브랜드의 가치를 인지하도록 하여 브랜드를 고객의 머릿속과 마음속에 확고히 자리 잡도록 하는 모든 활동을 브랜딩branding이라 한다.

브랜딩이 급식운영에 적용될 때에는 주로 고객들에게 인지도가 높은 내셔널 브랜드national brand 또는 로컬 브랜드local brand의 제품을 급식에서 제공하는 것을 의미한다. 실제로 급식소 운영에 적용되고 있는 브랜딩 유형으로는 소매품목 브랜딩retail-item branding, manufacturer's branding, 레스토랑 브랜딩restaurant branding, 자체 브랜딩in-house branding, signature branding 등의 세 가지가 있다. 소매 품목 브랜딩은 국가적으로 잘 알려진 제조업체의 브랜드 제품을 급식에서 제공하는 것으로 유명 소매 브

감성 마케팅

감성 마케팅(emotional marketing)이란 향기, 맛, 정서, 음악, 색깔, 디자인, 이미지 등을 활용해 고객의 감성을 자극함으로써 무의식중에 제품에 대한 호의적인 감정 반응을 일으켜 구매를 촉진하는 전략으로 브랜드 인지도 강화와 매출 증대에 영향을 미친다. 고객의 구매성향이 제품의 편익이나 기능보다는 감성을 자극해 마음을 움직일 수 있는 감성 중심의 제품을 중시하는 쪽으로 변화됨에 따라 감성 마케팅의 역할이 더욱 중요해지고 있다.

급식에서도 고객들이 급식소를 단순히 식사만 하는 장소가 아닌 음식을 먹으면서 즐겁고 친밀한 분위기를 느낄 수 있는, 즉 감성적인 경험을 체험할 수 있는 문화공간으로 인식할 수 있도록 음식과 서비스의 차별화뿐만 아니라 감성을 자극하는 인테리어나 음악 등을 활용한 감성 마케팅을 도입하고 있다. 실례로 대학급식소에서는 고객들이 식사를 기다리는 동안 대형 PDP에 인터넷을 연결하여 영상과 음악을 내보내거나, 스크린을 통해 친구들의 생일 축하 메시지를 주고받게 하는 등 고객들의 감성을 자극하여 급식소에 대한 호감을 갖게 하고 있으며 이를 통해 고객 충성도를 강화하고 있다.

랜드 제품인 샐러드드레싱이나 버터 등을 급식에서 제공하는 것이 그 예이다. 레스토랑 브랜딩은 고객들에게 잘 알려진 유명 브랜드 피자업체와 계약을 맺어 학교 카페테리아 급식에서 주기적으로 이를 제공하거나, 병원 푸드코트에 유명 브랜드 패스트푸드점을 유치하는 활동 등이 해당된다. 이러한 소매 품목 브랜딩과 레스토랑 브랜딩의 목적은 브랜드 인지도가 높은 메뉴 아이템을 급식에서 제공함으로써 급식 수요를 증가시키기 위한 것이다. 자체 브랜딩은 급식소에서 특정 메뉴 아이템에 자체 브랜드 콘셉트를 개발하여 적용하는 것을 의미한다.

2. 급식가격관리

급식에서의 가격이란 고객이 음식 및 서비스를 제공받는 대가로 지불하여야 할 금액을 뜻한다. 이와 같이 가격은 고객 입장에서는 지불해야 할 비용이지만, 급식소 입장에서는 원가의 보상과 이익에 직접적인 영향을 주는 마케팅 믹스 요소이다.

급식가격결정에 영향을 미치는 요인은 크게 내부요인과 외부요인으로 나뉜다. 내부요인으로는 급식 원가, 급식소 유형에 따른 가격책정의 한계, 급식제공 시간대, 급식서비스 유형 등이 있으며, 외부요인으로는 급식시장과 수요의 특성, 경쟁업장의 가격, 기타 환경요인 등이 있다그림 9-4.

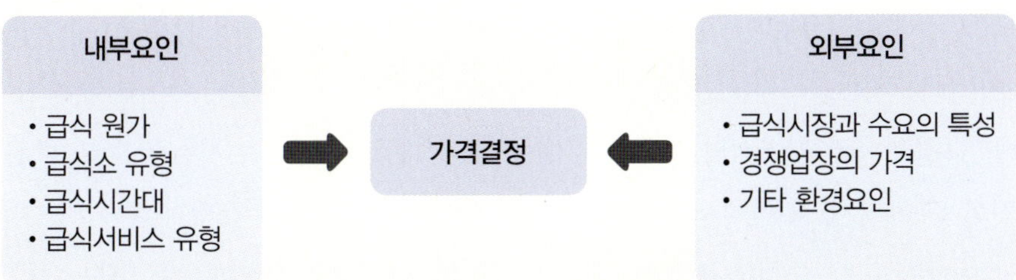

그림 9-4 급식 가격결정 영향요인

급식가격수준의 유형은 크게 고가, 중가, 저가 급식으로 구분될 수 있다. 일반적으로 중역식당 · 연수원식당 · 대학 내 교수식당 등에는 고가 급식이, 산업체 · 사무실 · 병원에는 중가 급식이, 사회복지시설 · 교육기관에는 저가 급식이 적용되고 있다.

일반적으로 가격은 다른 마케팅 요소에 비해 효과가 단기간에 뚜렷하게 나타나 수익창출에 결정적인 요소로 작용하기 때문에 자주 활용되는 마케팅 믹스 요소이다. 그런데 급식시장에서는 급식에 대한 기본 가격대가 형성되어 있기 때문에 급식품질이 향상되지 않은 채 기존 가격을 높일 경우, 수요법칙이 적용되는 제품과 달리 고객들의 수요가 갑자기 줄지는 않겠지만 고객의 불만요소로 작용하여 결국에는 잠재고객 유출로 이어질 수 있다. 따라서 급식의 원가와 기본 가격대, 그리고 고객이 지각하는 급식의 효용가치를 적절히 고려하여 급식가격을 조정해야 한다.

3. 급식경로관리

일반적으로place라는 용어가 제조업에서는 제품이 생산자로부터 소비자에게 도달하기까지 거치게 되는 경로를 뜻하는 유통으로 사용되고 있다. 그런데 급식의 경우 급식상품의 특성상 생산과 소비가 비교적 짧은 시간 안에 이루어지기에 제조업에서와 달리 중간상이 존재하지 않는다. 이에 급식에서는 유통 대신 경로라는 표현을 쓰는 것이 적절하며, 음식 및 서비스가 고객에게 제공되는 배식방법을 의미한다. 이를 적용하면 급식경로관리는 음식 및 서비스가 적절한 장소에서, 적절한 시간에, 적절한 양만큼 고객에게 제공될 수 있도록 전달하는 과정을 결정하는 활동이라고 할 수 있다.

급식에서 배식방법은 급식대상, 종사원 수, 시설설비 및 기기 등에 따라 달라질 수 있는데, 학교급식에서의 배식방법은 크게 교실배식과 식당배식으로 분류할 수 있다. 교실배식에서는 식당배식에 비해 조리 후 배식에 이르는 시간이 길기 때문에 음식의 위생 및 품질 면에서 문제가 발생될 우려가 있다. 또한 식당배식에서는 위생사고 예방에 대해 숙지하고 있는 영양사와 조리종사원이 직접 배식을 하는 반면 교실배식에서는 학생, 학부모, 또는 자원봉사자가 순번제로 배식을 담당하는데, 배식담당 학생들이 제대로 손을 씻지 않고 배식하는 경우도 있어 위생상태가 불량할 수 있다. 한편, 식당배식에서는 식당이 협소할 경우, 학생들이 장시간 줄을 서거나 교대로 식사를 해야 하기 때문에 지루하고 불편함을 느껴 급식만족도가 낮아질 수 있다. 또한 많은 학생들이 짧은 시간에 한정된 공간에서 급식을 제공받게 되어 보다 세밀한 급식지도가 어려울 수도 있다.

병원이나 요양원에서의 배식방법으로는 조리된 음식을 식기에 담은 후 트레이에 차려서 병실의 고객에게 가져다주는 트레이 서비스tray service가 대표적이다. 트레이 서비스를 실시할 경우에는 적온급식을 위해 음식이 고객에게 제공될 때까지 보온 및 보냉 등에 대한 경로관리가 잘 이루어져야 한다. 또한 배식원들은 청결한 복장으로 신속하고 친절하게 음식을 제공할 수 있도록 훈련되어야 한다.

거동이 불편한 재가노인의 가정으로 음식을 가져다주는 도시락 배식의 경우에는 조리완료 후 배식까지 시간이 많이 소요될 뿐만 아니라 면역성이 저하된 노인을 대상으로 하기에 음식의 온도와 안전에 대한 철저한 품질관리가 필요하다.

따라서 급식경로는 표적고객의 입장에서 넓고 쾌적하며 접근이 용이한 장소에서, 대기행렬에 의한 배식시간의 지체 없이 일정한 시간 내에, 적량의 음식을 적온 상태로 제공받을 수 있도록 관리되어야 한다.

4. 급식촉진관리

급식에서 촉진이란 급식 수요를 증대할 목적으로 급식상품에 대한 정보를 현재 또는 잠재고객에게 알리거나 설득하는 마케팅 커뮤니케이션 활동을 뜻한다. 촉진 수단으로는 광고advertizing, 인적판매personal selling, 판매촉진sales promotion, 홍보public relation 등이 있다. 이러한 촉진 수단은 개별적으로 활용되는 것보다는 서로 통합적으로 활용되어야만 시너지 효과가 발휘되어 고객들에게 일관적이고 설득력 있는 메시지를 전달할 수 있다. 그런데 단위급식소에서는 실질적으로 판매촉진과 홍보만이 활용 가능하다.

판매촉진은 단기간에 즉각적으로 고객의 수요를 촉진하기 위해 실시하는 활동이다. 촉진활동으로는 가격할인, 무료시식, 이벤트, 사은품 제공, 경품 제공, 경연대회, 단골고객 프로그램 등이 있다. 또한 판매촉진에는 고객의 시선을 끌기 위해 메뉴 쇼케이스show case, 아이캐처eye-catcher, 플래카드placard, 테이블 텐트table tent 등의 물리적 증거들이 활용되고 있다. 급식소에서는 급식의 단조로움을 피하고 고객의 흥미를 증진시키는 동시에 단기적인 수요 증대 효과를 얻기 위해 각종 판매촉진 이벤트를 실시하고 있다. 대표적인 이벤트로는 계절 이벤트, 고유명절 이벤트, 절기 이벤트, 기념일 이벤트, 환경 이벤트, 세계음식 이벤트, 사회이슈 이벤트 등이 있다. 이러한 이벤트를 급식소에서 실시할 경우 지나친 원가상승을 유발하는 행사는 지양해야 하며, 장기적으로는 급식소 인지도를 높이고 충성고객을 확보하는 데 효과적인지에 대해서도 고려하여야 한다.

홍보는 기업의 상품이나 사회공헌활동 등에 대한 정보를 보도자료 형식으로 제공하는 활동이다. 이처럼 홍보는 정보 전달이 목적이기 때문에 판매가 목적인 광고에 비해 신뢰성이 높아 기업에 대한 긍정적인 이미지를 형성하게 하며 경제적이라는 장점이 있다. 반면, 기업이 직접 펼치는 마케팅 활동과 달리 홍보기사에 대한 최종 편집을 매체에서 담당하기 때문에 기업이 원하는 방향으로 통제할 수 없다는 단점이 있다. 급식소에서의 홍보활동은 제공되는 메뉴와 관련된 각종 정보를 알리는 활동이 중심이 된다. 즉, 급식소의 메뉴별 영양소, 식재료 원산지, 신메뉴 개발, 위생적 생산 등에 대한 정보를 간행물, 유인물, 팸플릿, 가정통신문, 온라인 등의 매체를 통해 알리고 있다. 이처럼 매체를 통해 메뉴를 홍보할 경우 급식대상별로 홍보방법

급식대상을 고려한 메뉴 홍보방법

- 초 · 중등학교 급식소에서는 이들의 관심을 끄는 만화나 책의 주인공, 연예인, 운동선수 등을 캐릭터로 등장시켜 메뉴를 제시하거나, 영양정보에 대해 설명함으로써 메뉴에 대해 이해하고 즐겁게, 골고루 음식을 섭취하도록 유도한다.
- 대학 급식소에서는 학교 홈페이지 인트라넷 오늘의 메뉴 코너에 메뉴를 홍보한다.
- 사업체 급식소에서는 한식, 양식, 중식 등 카테고리별 주간식단을 회사 게시판에 공지하거나 인쇄하여 유인물을 배부하고, 메일로 전송함으로써 메뉴 선택의 기회를 부여함과 동시에 홍보활동을 펼친다.
- 외국인들이 많이 찾는 사업체 급식소에서는 음식의 유래나 특징, 조리법 등이 기재된 외국인을 위한 메뉴 가이드를 제작해 배포한다.
- 시각장애인 대상 급식소에서는 음성으로 메뉴를 알려주는 시스템을 도입한다.

을 달리하는 것이 효과적이다. 또한 학교급식에서의 집단 식중독 발생 이후 학교급식 안전성이 이슈가 되면서 급식에 대한 불신을 제거하고 신뢰를 높이기 위해 일부 학교 급식소에서는 급식홍보활동의 일환으로 급식과정을 영상으로 촬영하여 매일 인터넷에 공개하기도 하였다. 이 외에도 결식아동이나 저소득층 노인에게 식재료 또는 음식을 지원하는 사회봉사활동 등에 대한 홍보가 이루어지고 있는데, 이를 통해 고객에게 급식소에 대한 호의적인 이미지를 심어주어 인지도를 높일 뿐만 아니라 수요를 이끌어 내고 있다.

PART 4

급식경영의 확장

제4부는 급식경영에 대한 지식과 경험을 바탕으로 식품영양학 전공자들이 진출할 수 있는 분야에 대해 논의한다. 제10장, 제11장에서는 이러한 대표적 분야인 외식산업과 식품유통산업을 소개하고, 이러한 분야에서 급식경영 지식이 어떻게 활용될 수 있는지 설명하였다. 제12장에서는 급식경영 교육과 연구의 국내 · 외 현황을 정리하였다.

CHAPTER

10

급식경영의 외식 분야로의 확장

1. 외식산업 | 2. 외식산업의 새로운 트렌드 | 3. 외식산업 분야의 활동

CHAPTER 10

외식산업은 음식 및 관련 서비스를 가정 외에서 생산하여 판매하는 산업을 의미한다. 최근 소비자의 라이프스타일이 변화하고 기술이 발전함에 따라 외식산업도 끊임없이 발전하고 변모하고 있다. 특히, 건강, 간편성을 포함한 식생활 가치의 다양화, 1인 가구 및 노인 인구의 증가, 소셜미디어의 확대, IT의 발전 등이 외식산업에 새로운 콘셉트와 혁식적 서비스를 지속적으로 선보이게 하는 주요 요인으로 작용하고 있다. 이에 본 장에서는 외식산업의 기본적인 현황과 새로운 트렌드를 알아본 후, 식품영양학 전공자가 급식경영에 대한 지식과 경험을 바탕으로 진출할 수 있는 외식산업의 영역에 대해 살펴보았다.

1. 외식산업

1) 외식산업의 정의

외식산업은 인간의 기본적인 욕구 중 하나인 안정적 식생활을 영위하게 해주는 가장 중요한 산업 분야의 하나로 최근에는 핵심제품인 음식과 더불어 사람들의 즐겁고 건강한 식생활을 위한 다양한 서비스의 결합이 중요하게 부각되고 있는 산업이다. 외식의 광의의 개념은 가정 외에서 이루어지는 식생활 전체를 말하며, 협의의 개념으로는 일정한 장소에서 조리 가공한 음식과 이와 관련된 서비스 상품을 일정 가격의 지불을 통해 제공받는 것이라고 볼 수 있다. 외식산업은 이와 같이 다양한 개념을 포함하는 외식이 산업화되어 이익을 창출하는 산업으로 분류되며 사용되고 있다.

외식에 대한 정의는 나라마다 포함범위가 조금씩 차이가 나는 것을 볼 수 있는데, 외식산업이 가장 많이 발달한 미국의 경우 1950년대부터 foodservice industry라는 용어를 사용하다가 최근 restaurant service industry로 외식산업을 표현하고 있다. 일본의 경우 미국으로부터 외식 브랜드 도입을 계기로 1970년대 이후 foodservice industry를 외식산업外食産業으로 번역하여 사용하고 있으며 외식산업 용어의 세분화를 위해 가정 내에서 하는 식사인 내식內食, 가정 밖에서 하는 식사를 지칭하는 외식外食, 그리고 외식과 내식의 중간 형태인 중식中食으로 나누어 놓고 있다. 우리나라의 경우 요식업, 식당업, 음식업 등의 명칭으로 불리다가 외식업체들의 업종 및 업태의 다양화, 외식업의 전문화 및 규모화가 이루어지고, 이와 더불어 시장의 확대와 다국적 브랜드 도입이 증가함에 따라 외식산업이라는 용어가 일반적으로 쓰이게 되었다.

이 외에 최근 우리나라도 외식산업, 식품산업이 발달하고 사람들의 식사의 개념이 변화되면서 외부에서 완전 또는 일부 조리된 음식을 가정에 가지고 와 최소한의 조리과정을 거쳐 식탁에 올리거나 배달을 통해 완전 조리된 음식을 가정에서 제공받는 경우가 늘어났다. 따라서 일본에서 언급되고 있는 중식의 형태가 외식의 많은 부분을 차지하고 있으며 실제로 백화점이나 슈퍼마켓의 HMR, 테이크아웃, 배달, 캐이터링 등이 외식산업과 식품산업의 주요 사업 분야로 떠오르고 있다.

2) 외식산업의 분류

급식경영 관리자의 외식 분야 진출을 위해서는 우리나라의 외식산업 분류를 파악하는 것이 필요하다. 분야에 대한 이해가 있어야 확장 및 진출 기회에 대한 가능성을 알아볼 수 있기 때문이다.

우리나라의 외식산업 분류는 관련 현행법상 4가지 종류를 사용하고 있다. 통계청에서 사용하는 한국표준산업 분류, 식품위생법상의 분류, 관광진흥법상의 분류, 그리고 외식산업진흥법상의 분류가 있다.

한국표준산업분류상의 분류는 사업체가 주로 수행하고 있는 산업활동의 유사성에 따라 분류하여 산업 간 정확한 비교를 확보하기 위한 목적이 크다. 한국표준산업분류표에 의하면 외식산업은 대분류인 '숙박 및 음식점업'에 속해 있으며 이하 4단계로 세분화하여 구분되어 있다. 특히, 일반적인 외식 이외에 '기관 구내식당업'이 세분류에 포함되어 있어 급식의 일부 영역이 외식업에 포함되어 있는 것을 볼 수 있다.

식품위생법에서는 외식산업을 '식품접객업'으로 명명하고 있으며, 영업내용에 따라 휴게음식점, 일반음식점, 단란주점, 유흥주점영업, 위탁급식, 제과점으로 나누고 있다. 식품접객업의 분류는 제공되는 것이 음식이 중심인지, 주류가 중심인지가 기준이 되고 주류의 판매 여부에 따라 신고를 하거나 허가를 받고 영업을 해야 한다. 식품위생법 안에도 '위탁급식영업'의 구분으로 급식 부분이 포함되어 있으며 "집단급식소를 설치, 운영하는 자와의 계약에 따라 그 집단급식소에서 음식류를 조리하여 제공하는 영업"으로 정의하고 있다.

관광진흥법상에는 관광산업의 한 부분으로서 음식점을 종류에 따라 '관광객이용시설업'과 '관광객편의시설업'에 배치하고 있다. 관광객이용시설업에 포함되는 음식점 시설에는 식품위생법상의 휴게음식점, 일반음식점, 제과음식점이 있고, 관광객편의시설업에서는 관광유흥음식점, 관광극장유흥업, 외국인 전용 유흥음식점업, 관광식당업 종류를 포함하고 있다.

외식산업의 활성화를 위해 2011년 본격적으로 제정된 외식산업진흥법상에서는 외식산업을 '외식상품의 기획 · 개발 · 생산 · 유통 · 소비 · 수출 · 수입 · 가맹사업 및 이에 관련된 서비스를 행하는 산업뿐만 아니라 외식상품을 대상으로 하는 전시관, 박물관, 체험관 등의 조성과 운영, 외식상품 관련 행사의 기획 · 운영과 관련한 산업, 외식산업 중 둘 이상이 혼합된 산업, 농림축산부장관이 외식산업 진흥을 위하여 지원이 필요하다고 인정하는 산업을 외식산업으로 규정함으로써 비교적 폭넓게 외식산업을 정의하고 있다.

급식관리자로서 눈여겨 볼 것은 외식업 분류체계에 급식 분야가 일정 부분 이상 포함되어 있다는 것이다. 위탁급식 사업 분야의 발달로 급식은 상업적 외식과의 경계가 점점더 모호해지고 있으며 각 분야의 넘나듦이 자연스러워지고 있는 실정이다. 또한 급식에서는 거의 관심을 가지지 않았던 마케팅 분야를 신경쓰고 있으며 브랜드 인지도를 높이기 위해 애쓰는 모습을 볼 수 있다. 한편, 외식에서는 건강한 메뉴의 생산과 컨세션 사업의 확장으로 전에 없이 식품영양 전문지식을 갖춘 관리자와 단체급식 경영기법을 필요로 하고 있다. 즉, 두 사업 분야의 교집합이 늘어남에 따라 각 분야의 콘셉트나 관리 분야뿐만 아니라 전문 인력의 교환도 점점 더 활발히 증가하게 될 것으로 전망된다.

2. 외식산업의 새로운 트렌드

외식산업계는 고객들의 다양한 욕구를 충족시키기 위하여 메뉴와 서비스 모든 측면에서 만족할 만한 상품을 제공하고자 지속적으로 노력하고 있으며 이러한 노력으로 인해 외식업은 소비자들의 라이프스타일 유지에 중요한 위치를 차지한다. 2010 NRA restaurant industry operations report에 의하면 80% 이상의 소비자가 가족이나 친지와 즐거운 시간을 보내기 위해서는 집에서 음식을 직접하는 것보다 레스토랑의 이용이 훨씬 더 효과적이라고 생각하고 있으며 레스토랑에서의 식사를 즐기는 것으로 조사되었다. 이와 같이 외식산업은 고객의 요구를 음식과 서비스로 상품화하면서, 외부적으로는 다양한 환경 변화에 맞춰 진화해 가고 성장하고 있다. 그러나 지속가능한 경영을 위해서는 많은 도전과제의 해결이 필요하다.

1) 새로운 고객 가치의 창출

지속적으로 소비자의 관심과 선택을 받는 외식업이 되기 위해서는 고객이 바라는 가치를 제공하는 것이 필요하다. 이를 위해 많은 외식기업과 레스토랑에서는 건강한 메뉴를 제공하고 고객이 요구하는 편리함과 다양성을 채우기 위해 다양한 서비스를 구상하고 제공하고 있다. 패스트푸드 레스토랑의 드라이브 스루 서비스drive thru service와 셀프 주문을 위한 디지털 키오스크digital kiosk 설치, 반대로 파인 다이닝 서비스fine dining service를 연상시키는 테이블 서비스table service, 고급레스토랑의 업그레이된 우아한 분위기, 커피전문점의 새롭고 다양한 음료와 커피의 지속적 제공 등이 고객의 다양한 요구로 탄생된 외식업 상품의 예이며 이것은 곧 소비자가 외식업체를 지속적으로 찾게 만드는 원동력이 되는 것이다. 따라서 외식업체나 레스토랑은 자신이 제공할 수 있는 차별화된 고객가치가 무엇인지 항상 탐구해야 한다.

2) 소셜 미디어의 활용

네트워킹이나 사진/비디오 셰어링을 위한 앱과 사이트는 외식산업 마케팅에서 간과해서는 안 되는 중요한 요소이다. 레스토랑의 프로모션promotion에서 중요하게 다루고 있는 '구전'은 이제 온라인으로 이동했으며, 소비자들은 메뉴 탐색과 레스토랑 예약을 위하여 더 이상 전화를 이용하지 않는다. 방문해야 할 레스토랑, 먹어야 할 음식의 결정은 온라인상의 다양한 사람들의 추천에 의해 결정되는 경우가 점점 더 늘어나고 있음을 명심하고 외식경영과 마케팅에 있어서 소셜 미디어의 적극적인 활용방법을 찾아야 한다.

3) 지속가능경영을 위한 노력

사회적 관심이 지속가능성에 쏠리고 있는 데 반해 상대적으로 외식업에서는 아직까지도 이에 대한 노력이 미비하다. 그러나 많은 소비자들이 유기농 식자재를 취급하는 음식점이나 친환경경영을 위해 노력하는 레스토랑을 선호하는 경향이 높아지고 있음을 인식하고 외식경영의 장기적 안목을 가지고 비전과 목표를 재설정하고 이에 따른 조직 변화를 서서히 진행시켜야 한다.

4) IT 혁신

고객들은 온라인을 통한 예약, 주문을 자연스럽고 익숙하게 받아들이고 있다. 또한 젊은 외식고객들은 무선 인터넷 서비스가 있는 레스토랑이나 커피전문점을 선호한다. 따라서 전반적인 외식서비스 운영에 있어서 다양한 접점에 적합한 IT 혁신 기술의 적용은 고객만족을 높이고 외식경영의 효율을 가져오므로 트렌드에 맞는 IT 적용은 필수라고 할 수 있다. 최근에는 주문, 예약 등을 위한 기본적인 IT 서비스 이외에 음식 제공을 기다리는 동안 테이블 탑table top을 이용하여 게임을 하거나 TV 시청이 가능하게 한다든지, 컴퓨터그래픽을 이용하여 제공되는 음식에 대한 정보를 미리 알려주는 등 고객이 음식점을 이용하는 동안 인상적이고 즐거운 경험을 할 수 있도록 다양한 IT 기술을 활용하는 레스토랑이 늘고 있다.

5) 고객들의 건강에 대한 관심

고객들의 건강에 대한 관심은 지속적으로 증가하고 있다. 고객들이 생각하는 건강은 건강한 식재료의 사용뿐만 아니라 건강한 조리법, 개인 특성에 적합한 메뉴의 선택 가능성과 건강한 식사환경 등이 모두 포함된 것이다. 이에 외식업체나 레스토랑은 식품영양학적 전문 지식에 관심을 기울이고 관련 정보를 메뉴나 서비스에 응용할 수 있도록 해야 할 것이다.

3. 외식산업 분야의 활동

불과 얼마 전까지만 해도 영양가 있는 음식, 건강에 좋은 음식은 싱겁거나 특별한 맛이 없는 음식으로 일반 사람들이라면 별로 반기지 않는 음식으로 인식되었다. 따라서 영양가를 강조하고 건강한 음식을 제공하고자 노력하는 급식소의 영양사들은 먹는 즐거움을 주는 사람이 아니라 빼앗는 사람에 더 가까웠다.

그러나 오늘날 잘 먹는다는 것은 예전과는 다른 새로운 의미를 가진다. 즉, 건강한 음식은 영양적으로 균형이 맞아야 하고 건강한 식재료로 만든 것은 기본이며 더불어 맛이 있어야 하고 보기에도 좋아야 한다. 이와 같은 건강한 음식에 대한 인식의 변화와 요구는 외식업체의 셰프와 급식관리자인 영양사가 맛이 좋고 보기에도 좋으며 영양적으로 잘 구성된 식사를 준비하고자 하는 공통된 목표를 가지고 함께 일할 수 있는 기회가 많아졌다는 것을 의미한다. 요컨대 사람들은 더 이상 건강을 위해 맛을 포기하지 않으며 외식업계에서도 이를 반영하고자 노력하고 있다. 소비자들은 외식에서도 가격이 높더라도 몸에 좋고 건강한 식사를 제공받기를 원하고 있다. 이와 같은 외식시장의 변화는 영양전문가인 급식관리자들이 상업적 외식산업으로의 진출 범위를 확장시킬 수 있는 좋은 기회가 될 것이다.

급식관리자들은 한 번에 많은 고객들에게 충분한 양의 식사를 제공하기 위해 주의를 기울이고 주어진 예산 안에서 양질의 메뉴를 만들어 내기 위한 노력에 집중한다. 반면, 고객에게 건강한 음식을 어떻게 권유할지, 어떻게 음식을 즐길 수 있는지 등 가장 필수적인 정보에 대한 고객과의 소통은 간과하는 경향이 많았다. 한편, 외식업의 관리자나 셰프는 음식의 맛과 접객에는 관심을 집중하지만 제공하는 음식의 영양학적 측면은 별로 고려대상이 아니었다. 그러나 외식업의 상황이 이제 많이 달라졌다. 외식업 경영자나 전문셰프들은 이제 외식업이 성공하기 위해서는 건강하고 영양적으로 올바른 식사를 원하는 고객들의 욕구를 반영해야 하는 것을 깨달았다. 이러한 외식 분야의 변화를 인지하여 급식관리자는 푸드서비스 전문인으로서 진출 분야의 확장을 도모할 수 있어야 한다.

현대인들은 식비의 상당 부분을 외식비용으로 사용하고 있다. 외식은 더 이상 특별한 날을 위한 것이 아니라 일상적인 식생활의 하나로 자리 잡고 있다. 이에 레스토랑들은 소비자의 욕구를 충족시키고자 많은 노력을 기울일 수밖에 없다. 체중조절에 신경을 쓰는 소비자들은 저열량, 저지방, 저탄수화물 음식이지만 맛있는 외식을 원한다. 환경을 고려하는 고객들은 사회적 책임감에 대한 홍보를 하고 있고, 지역농산물 사용, 유기농 식자재를 사용하는 음식점을 선호한다. 건강 유지에 신경을 쓰는 소비자들은 저열량, 저염식, 채식 등 까다로운 메뉴의 주문뿐 아니라 영양정보나 알러지 정보를 요구하기도 한다. 이와 같은 레스토랑 소비자의 요구는 계속해서 증가할 것으로 보인다. 현재 레스토랑에 요청되는 고객들의 요구를 살펴보면 셰프의 고유영역이라기보다는 식품영양학적 전문지식이 필요한 급식관리자나 식품영양학 전공자의 영역에 가깝다. 이에 학교나 병원, 특정 집단의 급식 제공에 있어 영양상, 위생상 엄격하게 고객의 식사를 관리하기 위해 준비한 급식관리자의 지식과 기술은 외식 분야에서 매우 유용하게 쓰일 수 있고 영향력을 펼칠 수 있다.

외식운영상의 생산관리, 경영관리 측면은 외식을 전공한 전문가가 급식관리 전공자에 비해 실행력이 더 나을 수 있다. 그러나 급식은 외식산업의 한 분야로서 자리 잡고 있으며 관리 및 경영기술과 능력이 강조되고 있는 현실을 볼 때 급식관리자는 외식경영관리능력과 더불어 식품영양학적 전문 분야를 보태어 경쟁력 있는 전문가로서 외식 분야를 개척할 수 있다.

1) 외식산업으로의 진출 가능 분야

(1) 메뉴 영양분석 및 평가 서비스

레시피의 영양가분석 프로그램은 다양하게 개발되어 사용되고 있다. 그러나 영양가분석을 위한 무료 프로그램은 거의 없으며 있다 하더라도 부정확하거나 최근 자료가 탑재되어 있지 않은 경우가 많다. 반면, 적절한 비용이 책정된 프로그램의 제공은 정보에 대한 정확성을 보장하고 필요한 시기의 업데이트도 가능하게 한다. 따라서 영양분석의 제한점을 이해하고 예상치 못한 상황식재료의 다양성, 표준레시피의 부재, 재료 대체성, 조리방법 종류가 완성 음식에 미치는 영향, 1인 분량 증감에 따른 영양수준 조절, 단순한 계산으로 얻기 어려운 영양가 계산에서 어떻게 영양분석을 실시해야 하는지를 이해해야 한다.

이와 같이 외식업에서 취급하는 레시피나 메뉴의 영양가분석에 대한 어려움을 감안했을 때 영양가분석 및 평가는 식품영양학 전공자나 급식관리자만이 유일하게 제공할 수 있는 영양 컨설팅 서비스이다. 이 외에도 메뉴 컨설팅에는 레시피 개발, 메뉴 개발, 영양가 개선을 위한 메뉴 메이크오버, 특수식이나 식이제한을 위한 식자재 선택 가이드라인, 특정 건강상태를 위한 레시피 변형, 시장경쟁력과 투자수익률을 고려한 건강 메뉴 개발 등이 포함될 수 있다.

메뉴나 레시피의 영양분석은 조리에 대한 이해와 식재료의 조화에 대한 지식이 뒷받침되어야 하며 영양분석에 필요한 전문적 데이터베이스 확보와 사용방법의 숙지가 반드시 필요하다. 실제 미국에서 영양사의 영양분석 서비스는 외식산업뿐만 아니라 음식을 제공하는 다양한 사업영역, 예를 들면 스파, 스포츠클럽 등 전반에서 활발히 이용되고 있다.

(2) 메뉴 개발자

글루텐 프리, 알러지 프리 메뉴를 디자인하거나, 저열량, 저지방, 저염 메뉴의 개발, 어린이 건강식, 지역농산물이나 유기농 식자재를 이용한 메뉴 개발, 채식주의자용 메뉴 개발 등은 단순 레시피 분석보다 한 차원 높은 컨설팅이 될 수 있다. 대부분 레스토랑에서는 공식적 라벨을 붙일 수 있을 만큼의 영양성분 기준을 맞춘 특별식을 제공하지는 않는다. 따라서 각 특별식에 대한 국·내외 기준을 잘 알고 있는 급식관리자나 식품영양학 전공자들은 레스토랑에서 특별 메뉴 출시를 고려할 때 기준을 적용하여 메뉴를 개발하는 것이 가능하다. 예를 들어, 미국 NRA의 Kids LiveWell program은 그 기준이 정확하게 마련되어 있고, 레스토랑에서 이 기준을 충족하는 메뉴에 대해서는 라벨을 쓸 수 있다.

현실적으로 식품영양 전문 컨설턴트를 고용하는 것은 자칫 레스토랑에 비용 부담으로 작용할 수 있어 기피하는 경우가 많으며 아직 우리나라의 외식산업환경에서는 매우 드문 일이다. 그러나 앞으로는 소비자가 음식점이라 할지라도 자격을 지닌 전문가에 의해 준비된 신뢰할 만한 건강식을 제공받기를 점점 더 원하게 될 것이며 건강식이라면 특정 영양기준을 충족시키고 그것이 잘 검토되고 있다고 믿고 싶어 할 것이다. 이에 외식업체 입장에서 본다면 고객만족경영의 한 부분으로 영양사를 배치하거나 영양학적 지식을 가진 관리자를 통한 메뉴 및 레시피 관리는 건강한 식사를 위한 홍보에 신뢰성을 부여하게 되어 마케팅 효과를 강화하고 궁극적으로는 매출 증대의 효과를 기대할 수 있을 것이다.

(3) 식품위생 컨설팅

급식관리자가 외식산업 분야에서 역할을 할 수 있는 또 다른 기회는 바로 식품위생분야이다. 현재 미국계 외식기업이나 호텔 F&B 종사원에게는 'ServSafe' 증명서를 요구하는 경우가 많이 있으며 2017년부터 전국 외식업체를 상대로 위생등급제를 실시하고 있다. 이에 외식업체나 레스토랑은 정부 규제를 받기 전 스스로 위생부분에 관리를 진행하는 것이 바람직하다. 정부 규제뿐만 아니라 외식업체의 위생

사항은 고객만족에 큰 영향을 미치므로 자발적인 관리가 필요하다. 그러나 소규모 외식업체일수록 위생관리 시스템이 마련되어 있지 않으며 정확한 관리내용을 알지 못하는 경우가 많다. 따라서 급식관리자는 외식업체에 예방 차원의 위생점검과 컨설팅을 실시하여 소비자에게 신뢰받고 위생사항 미준수 관련 처벌을 방지하도록 도와줄 수 있다.

(4) 외식종사원의 교육 훈련 서비스

건강음식을 추구하거나 위생적인 음식점임을 표방하는 외식업체라 하더라도 불충분한 직원훈련으로 인해 그 효과를 극대화하지 못하는 경우가 많다. 따라서 종사원대상의 생산 메뉴에 대한 영양 정보의 교육, 위생등급제에 대비한 맞춤형 위생교육 서비스와 컨설팅은 급식관리자가 진출을 생각해 볼 수 있는 영역이다. 특히, 건강음식에 대한 직원교육내용의 경우 BOF 종사원이라면 조리 시 일어날 수 있는 식품학적 변화 및 취급하고 있는 식재료에 대한 기본적 영양지식, 양portion 조절 및 식재료 측정기술, 고객들의 특별 요청사항에 의한 메뉴 아이템 변경의 응용성 등을 포함한 교육이 필요하다. FOH 직원들의 훈련은 고객들에게 보다 정확한 전달을 가능하게 하는 기본적인 영양 정보뿐만 아니라 요리법과 식재료에 대한 정보를 강화시키는 방향으로 교육을 할 수 있다.

이와 같은 종사원대상 교육훈련 서비스는 외식업체가 추구하는 적절한 품질의 메뉴와 서비스 제공을 가능하게 하여 고객의 욕구를 충족시키는 데 매우 중요한 역할을 하게 된다. 최근에는 종사원뿐만 아니라 외식경영인이나 셰프들의 지속적인 교육훈련 필요성이 높아지는 가운데, 특히 영양교육의 중요성이 부각되고 있다. 이에 미국요리연맹 ACF는 셰프 인증 프로그램에 최소 30시간의 영양학 공부를 요구하고 있는 실정이다. 즉, 조리를 위주로 하는 교육이나 외식경영에 초점을 맞춘 교육에도 영양교육은 필수적인 사항이 되어 가고 있다. 그러나 이들을 위한 영양교육은 매우 단편적이며 효과적인 지식 습득이 어려운 경우가 많다. 따라서 셰프들이나 외식경영인을 위한 영양교육 프로그램을 개발하고 교육 서비스를 제공하는 것도 진출방향의 하나로 고려해 볼 수 있다.

(5) 홍보 및 마케팅

홍보와 마케팅 경험을 가진 급식관리자는 외식업체에 고객관리에 있어서 중요한 존재가 될 수 있다. 고객관계관리 분야의 전문가는 소셜 네트워킹 도구나 소셜 인플루언서 마케팅Social Influencer Marketing, SIM을 이용하면서 레스토랑의 차별적 마케팅 전략을 제시할 수 있다. 레스토랑의 건강 메시지 등 식품영양학 분야의 전문 지식을 마케팅 도구와 엮어 지속적으로 홍보를 하거나, 외식업체의 대변인으로서 인터뷰, 테이스팅, 세미나, 워크숍, 전시회 참여, 강연, 조리 시연 등의 이벤트를 준비하여 고객과의 접점을 이어간다면 외식 분야의 차별화된 마케터 기회를 찾을 수 있을 것이다.

더 나아가 푸드서비스 시스템 전반에 걸친 역량이 풍부하다면 레스토랑의 주방 시설설비의 레이아웃, 메뉴의 리디자인, 메뉴보드 디자인과 수정, 브랜딩 기획에 참여하여 메뉴 판매 강화 및 레스토랑 수익 증가에 도움을 줄 수 있다.

2) 외식산업 분야의 진출을 위한 준비

식품전문가인 영양사들의 도움을 절실히 필요로 하는 대표적 외식 분야는 소규모의 개인 음식점들이다. 개인 음식점들은 대개 한정된 인적·물적자원을 가지고 운영되며 경영주조차 관련 지식이 결여된 채로 음식점을 시작하는 경우가 많다. 이에 급식관리자가 식품, 위생, 경영 전반에 대하여 조언을 해 줄 수 있는 부분이 의외로 많이 존재하여 외식경영 및 운영에 대한 실질적 도움을 줄 수 있는 전문가로서 영양사들은 본인의 홍보를 적극적으로 할 필요가 있다.

이때 급식관리자는 기본적으로 외식산업은 반드시 이익을 창출해 내야 한다는 것을 명심해야 한다. 레스토랑을 위한 컨설팅을 한다 하더라도 레스토랑 입장에서는 비용을 지불해야 하는 문제이므로 급식전문가의 컨설팅 서비스를 통하여 매출에 도움이 되는 부분이 강조되어야 한다.

조리와 관련된 분야에서 컨설팅을 할 때 특히 신경써야 할 점은 외식업체에서 종사하고 있는 조리종사원들의 전문지식 수준을 고려해야 한다는 것이다. 보통 조리기술이 뛰어난 셰프들과 일을 할 때는 그들의 전문 지식을 존중하고 식재료의 대체,

메뉴의 균형, 양 조절 등에 조언을 해주는 것이 좋으며 그들의 창의성을 최대한 살릴 수 있도록 협업을 하는 것이 좋다. 반면, 요리에 대한 전문 지식이 많지 않은 사람들과 일을 할 때는 올바른 조리방법, 레시피 개발, 식재료의 선정 등에 적극적으로 나서야 한다.

이와 같은 전문적 서비스를 위해서는 관심 있는 레스토랑의 문제점을 파악해보고 각 운영상에 필요한 부분들을 충족시키기 위한 제안서를 작성해 보는 연습이 필요하다. 예를 들면, 메뉴 검토, 직원교육, 또한 노년층이나 1인 고객 등 특정 고객에 대한 마케팅 조언 등과 같은 주제에 대해서 전문가로서 제공할 수 있는 대안을 모색해보고 모든 컨설팅 서비스를 대비하여 제안서나 기획서를 작성해 보는 것은 좋은 준비방법이 될 것이다.

또한 외식산업 분야로의 진출을 생각한다면 전통적인 식품영양학 지식 이외에 음식 자체에 대한 지식을 강화하고, 무엇보다도 음식에 대한 열정을 가지고 음식을 다루는 것을 즐겨야 한다. 따라서 기본적인 조리 용어, 요리법, 식재료의 기능과 사용, 현재 식품의 트렌드, 식재료 조합, 조미료와 양념에 대한 이해를 쌓고 미각을 발달시켜야 한다.

요리 지식을 향상시키는 방법은 정식교육뿐만 아니라 주위에서 다양하게 찾을 수 있다. 예를 들어, 가능한 한 많은 음식을 경험하는 것이다. 즉, 외식을 하면서 분위기를 즐기고 오감을 통해 음식을 배우는 것이 외식시장을 이해하고 음식을 배우는 중요한 방법이 된다. 또한 음식 관련 도서 및 잡지를 많이 읽는 것도 좋은 방법이다. 해마다 많은 식품, 음식, 레스토랑 관련 트렌드 잡지와 학회지들이 출간된다. 이와 같이 전문가 또는 비전문가를 위한 인쇄매체들은 외식산업을 이해하고 외식 소비자를 파악하는 데 가치 있는 정보를 제공하고 있다. 마지막으로 실제 음식을 만들어 보고 관련 교육을 받는 것이다. 평생교육 프로그램을 통한 체계적인 교육이나 조리사 자격증, 아동요리 지도사와 같은 관련 자격증 취득도 외식산업 특성에 맞는 경쟁력을 기르는 데 도움이 될 것이다.

이 외에 경험이 풍부한 급식관리자라면 요리사와의 협업체제를 구성해 보는 것도 좋은 기회가 될 것이라고 생각한다. 미국의 경우 영양이 풍부하고 건강한 요리를 보급하기 위하여 셰프와 영양사를 한 팀으로 한 건강 메뉴 경진대회를 열거나 워크숍을 개최하는 등 식품영양전문가와 셰프들을 포함한 다양한 전문가들과 단체가 협업하는 기회를 확대시키고 있다. 또 다른 예는 스페인의 유명 셰프인 페란 아드리아와 카탈루니아 주정부의 후원으로 만들어진 알리시아 연구소로 이 연구소는 셰프, 영양사, 과학자 등 여러 분야의 전문가들이 모여 식품영양 및 조리과학, 식생활과 관련된 교육과 연구등을 활발히 진행하고 있다.

식품영양 전문지식을 갖춘 급식관리자에게 외식산업으로의 진출은 새로운 모험이겠지만 매우 유망하고 전망 있는 도전이 될 것이다. 향후 외식산업은 소비자가 추구하는 가치를 제공하기 위하여 점점 더 다양한 방면의 전문가의 협업을 필요로 할 것이다. 이에 대해 급식관리자는 다양하고 창조적인 아이디어를 활용하여 새로운 욕구를 추구하고 있는 소비자와의 상호교류를 통해 자신의 전문성을 부각시키고 적극적인 셀프 마케팅을 할 수 있는 자세와 실천이 필요한 때이다.

CHAPTER

11

급식경영의 식품유통 분야로의 확장

1. 유통산업 | 2. 식품유통의 새로운 트렌드 | 3. 식품유통의 머천다이징 활동

CHAPTER 11

식품유통은 각종 식재료 및 식품이 산지의 생산자로부터 최종 소비자에게 이르기까지의 전 과정이다. 이러한 식품유통산업은 PB상품의 확산, 온라인 시장의 활성화, 대형 유통업체 중심의 전문화 및 고품격 서비스의 등장 등과 같은 트렌드와 함께 변화하고 있다. 식품영양학 전공자는 급식경영에 대한 지식과 경험을 확장하여 식품유통 분야로의 진출을 모색할 수 있다. 이에 본 장에서는 식품유통에 대한 기본적인 지식과 새로운 트렌드 등에 대해 살펴보았다.

1. 유통산업

1) 유통 및 식품유통의 정의

유통이란 생산자로부터 소비자에게 재화와 서비스를 이전하는 장소, 시간, 소유권의 효용을 창조하는 인간의 경제활동이다. 넓은 의미로 재화와 서비스의 상적·물적인 이전을 말하며, 상적인 이전만을 좁은 의미의 유통이라고 말하기도 한다. 상적 유통commercial distribution은 도매, 소매 등과 같은 상거래활동을 의미하며, 물적 유통physical distribution은 운송, 하역, 포장, 보관 정보 등 상품거래과정 중 실제적으로 일어나는 상품의 이동이나 흐름을 의미한다. 즉, 유통이란 생산자로부터 생산된 제품을 소비자가 최종적으로 구매하기까지 모든 단계를 거칠 때 수행되는 연속적인 활동이라고 볼 수 있다.

식품유통이란 각종 식재료 및 식품이 산지의 생산자로부터 최종 소비자에게 이르기까지의 전 과정을 의미한다. 즉, 식품이 생산되어 가공, 분배되는 활동을 의미하며, 생산된 식품은 다양한 중간 유통 단계를 거쳐 최종 소비자에게 도달한다. 생산주체는 가공되지 않은 원물을 생산하는 1차 생산주체와 1차 원물을 반가공, 또는 가공의 형태로 생산하는 2차 생산주체로 구분할 수 있다. 유통주체는 1, 2차 생산주체가 생산한 물품을 외식업체로 유통해 주는 유통업체 전반도매, 소매시장, 대형마트, 슈퍼마켓, 편의점 등을 의미하며, 소비주체는 일반 가정 소비자, 단체급식업체나 외식업체 등의 대량수요처에 식재료를 납품하는 기업용 시장B2B, 대형마트, 슈퍼마켓 등에 식품을 납품하는 가정용 시장B2C으로도 분류할 수 있다.

2) 유통산업의 미래

경제구조가 급격히 변화하는 현대사회에서는 각자 자신의 핵심역량을 전문적으로 키우는 대신 협력과 제휴를 통해 서로 경쟁력을 키우는 아웃소싱이 보편화되고 있다. 따라서 대다수의 제조업자들이 유통을 겸하기보다 제조기능을 축소하고 마케팅 홍보 혹은 유통전문기업으로서의 추진을 서두르고 있다.

유통산업은 최근 제조업에서 독립하여 경쟁적으로 자체적인 대형화 혹은 체인

화를 추구함으로써 그 외형이 점차 커지고 있어 결과적으로 시장에서의 비중도 점차 커지고 있다. 제품이 과잉 공급되고 소비자가 시장을 이끌게 되면서 소비자와 좋은 관계를 유지하는 것이 유통업체의 목표가 되었다. 유통산업은 생산자의 정보와 소비자 정보 등 모든 시장 정보가 모이는 곳으로, 이들의 정보를 축적·가공·활용한다면 생산자와 소비자의 요구를 쉽게 해결해 줄 수 있는 원산지가 될 것이다. 따라서 정보 대행자information agent로 발전할 수 있고 결국 소비자와 생산자 모두 유통업체에 대한 의존도가 상대적으로 높아질 것으로 전망한다. 이렇게 되면 유통업체는 수많은 정보를 통해 상품의 부가가치를 높일 수 있게 되고, 제조업체에 대한 거래 통제권을 강력하게 행사할 수 있을 것으로 판단된다. 유통구조가 효율화되면 제품의 최종 소비자가는 낮아지게 되고 유통업체 간, 제조업과 유통업체 간 경쟁을 촉진하게 되면서 물가조정의 역할을 하게 될 것이며 이에 따른 발전으로 유통산업의 고용창출 효과를 크게 기대해 볼 수 있을 것이다. 결국 유통산업은 지금까지 해왔던 생산업의 종속적인 역할을 수행하기보다 시장, 나아가서 경제산업을 주도하는 선도적 기능을 담당하게 될 것이다.

2. 식품유통의 새로운 트렌드

1) 식품소비구조의 변화

(1) 소비자의 식품에 대한 의식과 생활 변화

최근 급격하게 진행되고 있는 세계화 추세는 우리나라 소비자들에게 새로운 가치관과 라이프스타일을 심어주면서 소비의식 구조와 식생활에 큰 변화를 주고 있다. 현대의 소비자들이 보다 고급화된 상품과 서비스를 요구하면서, 재래시장이나 동네 슈퍼보다 현대화된 시스템을 갖춘 백화점이나 대형마트, 편의점, 창고형 도소매점 등의 업태가 성장하는 계기가 되었다. 또한 경제가 발전하고 소득수준이 높아짐에 따라 소비자의 식품소비 형태는 단순히 물질의 양적인 면에서의 풍성함보다는 질적인 면을 추구하고 있다. 이처럼 음식의 맛뿐만 아니라 영양, 스타일 등을 추구하는 등 소비자의 식품에 대한 인식이 변화하면서 식생활이 고급화, 다양화, 개성화되는 특징이 뚜렷해졌다. 또한 건강에 대한 관심이 점차 증가함에 따라 건강식품이나 유기농식품의 소비가 확대되고 있어, 소비자들의 구매 패턴과 구조가 질적으로 변하고 있다고 볼 수 있다. 싱글족과 맞벌이 부부의 증가, 여성 취업 증대, 노인인구의 증가 등의 사회적 변화 역시 식생활의 간편함을 추구함과 동시에 합리적인 패턴을 지향하고 있다. 즉, 편리함을 우위에 두는 구매 형태가 식품으로도 확산되고 있다. 이에 따라 소비자들은 합리적 가격의 고품질 제품을 선호하며, 또한 직접 원하는 곳으로 배달해 주는 서비스를 통하여 보다 편리하고 시간을 절약할 수 있는 인터넷 쇼핑몰이나 대형마트 등을 많이 이용하고 있다.

(2) 소비자의 식품구매행동 변화

소비자의 식품구매행동 변화를 살펴보면 우선 소포장된 식품의 구매가 증가하고 있다. 사회적인 변화로 인해 1인 가구 수의 증가, 여성의 사회진출로 인해 외식횟수가 증가하면서 집에서 조리해서 먹는 횟수나 양이 감소하였다. 이에 따라 소포장 단위의 구매가 꾸준히 증가하고 있으며, 특히 식재료를 세척 · 절단 후 위생적으로 소포장하여 판매하는 전처리가 완료된 식품의 구매가 증가하고 있다. 두 번째는 가공식품의 구매가 증가하고 있다. 합리적인 소비 트렌드를 선호하면서 저장과 섭취가 간편한 가공식품, 편의식품의 구매가 꾸준히 증가하고 있으며, 이에 따라 다양하고 개성 있는 가공식품이 등장하고 있다. 바쁜 현대생활에 맞추어 밥보다는 어디서나 쉽게 구매 가능하며 조리가 간편한 여러 가지 편의식품으로 식사를 대체하고 있다. 특히, 집밥, 혼밥, 고령화 등의 사회 트렌드와 맞물리면서 반찬 역시 만들어 먹는 것보다 사먹는 비율이 증가하였다. 반찬 가게의 트렌드 역시 신선한 식재료로 만든 반찬을 소용량, 소포장으로 판매하며, 소비자 역시 이러한 반찬의 구매가 점차 증가하고 있는 실정이다. 세 번째는 여가시간을 중시하는 소비자의 욕구와 관심은 식품산업으로까지 확대되어 전보다 식품을 집으로 배달하여 먹거나, 인터넷을 통하여 식자재를 배달하는 사례가 점점 증가하고 있다는 것이다. 네 번째는 곡류의 소비가 감소하고, 대신 신선한 채소나 과일에 대한 소비가 증가하고 있다. 이에 따라 친환경식품, 유기농식품에 대한 구매가 증가하고 있다. 경제 소득이 높아짐에 따라 건강에 대한 소비자들의 요구가 높아졌으며, 영양에 대한 지식이 여러 매체를 통해 다양하게 노출되면서 자연스럽게 유전자변형식품이나 식품안전문제에 대해 관심을 갖기 시작했다. 또한 삶의 질에 대해 관심을 갖기 시작하면서 웰빙을 추구하게 됨으로써 친환경식품의 생산과 소비가 크게 급증하고 있다. 닐슨의 '글로벌 프리미엄 트렌드 보고서'(2016)에 따르면 한국 소비자들은 '탁월한 기능과 성능을 제공하는 제품32%', '고품질 및 높은 안전기준에 부합하는 제품'27%에 이어 '유기농, 천연재료가 포함된 제품23%' 순으로 더 높은 가격을 지불하고 구매할 의향이 있는 것으로 보고되어, 점차 안전과 유기농, 천연재료 등에 대한 소비와 관심이 더욱 증가할 것으로 보인다. 다섯 번째는 수입상품이나 고급식품 등을 선호하는 소비 경향과 함께 브랜드 상품보다 20~30% 저렴한 자체 브랜드인 PB상품이나, 경품 혹은 쿠폰, 이벤트 등 가격과 관련된 판촉물을 선호하는 가격을 중요시 여기는 합리적인 소비 경향이 두드러지고 있다. 이와 같은 소비 경향의 이원화, 양극화로 인해 창고형 도·소매업 등의 업태 성장과 전망이 기대되고 있는 실정이다.

또한 구매 장소도 변화되고 있다. 과거 시장이나 작은 슈퍼마켓에서 벗어나 쾌적한 쇼핑환경과 한 번에 원하는 상품을 일괄 구매할 수 있는 대형할인점 혹은 대형마트에서의 구매비중이 크게 증가하고 있다. 이와 더불어 가까운 곳에서 소량 구매할 수 있는 편의점이나 슈퍼마켓에서의 구매도 증가하고 있다. 닐슨의 쇼핑 행태 Shopper Trends 조사 결과에 따르면(2011), 소비자의 식품구매 장소가 기존의 대형마트보다 접근성과 편리성이 강화된 슈퍼마켓과 편의점의 방문횟수가 늘고 있는 추세로 근거리 쇼핑을 선호하고, 온라인몰을 이용하는 소비자의 수가 증가하고 있는 트렌드라고 밝혔다. 또한 3~4개의 유통채널을 동시에 이용하는 소비자의 비율이 증가하는 추세로 3개 이상의 점포를 동시에 이용하는 소비자가 많아져 유통업체 간의 경쟁이 더욱 심해질 것으로 보인다.

마지막으로 최근 식품구매행동에 변화를 가지고 온 것 중에 하나가 '부정청탁 및 금품 등 수수의 금지에 관한 법률'이라고 할 수 있겠다. 해당법 시행 이후 외식업체를 찾는 발길이 눈에 띄게 줄어든 반면 이를 대체할 수 있는 도시락과 신선식품, HMRHome Meal Replacement 등의 매출이 급증하고 있다. 대형마트는 물론이고 편의점 업계도 도시락과 냉장 안주류, 즉석식품 등의 매출이 증가하고 있다. 한국농촌경제연구원(2016)이 발표한 설문조사에 따르면 법 시행 이후 직장 동료 및 가족과의 식사가 증가하였고, 식사나 간식용으로 구입하는 간편 대용식과 즉석식품 등의 지출이 늘어났다고 하였다. 이로 보아 이전에 외식을 추구했던 소비 패턴에서 현재는 더욱 간소하고 저렴한 마트나 편의점 식품을 구매하는 비율이 증가하는 추세로 보인다.

따라서 앞으로 식품구매 트렌드는 고품질식품, 유기농식품, 건강 기능성 식품, 가공·편의식품, 반조리식품, HMR, 소포장 판매식품, 인터넷 구매 등으로 꾸준히 이어갈 것으로 보인다.

2) 소비자 니즈에 대한 공급시장의 대응

우리나라는 1996년 1월 이후 유통시장이 전면 개방되면서 까르푸, 홈플러스 등 외국계 대형 할인점의 진출이 본격화되기 시작하였다. 현재 국내 대기업도 유통업을 미래 주력사업으로 선정하고 있어 다면적이고 복합적인 경쟁체제로 변화하고 있으며 이에 따라 식품의 유통환경 역시 많은 영향을 받았다.

대형 종합슈퍼는 현재 기존 전통상권중소 및 재래시장, 편의점 등과 경쟁하고 있으며 최근에는 온라인과 기존 오프라인 망을 연결하면서 소비자 편의성 제고를 위해 노력하고 있다. 또한 대형 유통업체에서 식품 R&D 분야의 투자 및 전문화된 자체 조직을 통해 아낌없는 투자를 하고 있어 식품의 고급화, 전문화, 고품격 서비스를 바탕으로 소비자의 입맛을 사로잡기 위해 노력하고 있다.

최근 또 두드러지는 식품 유통환경의 변화는 무점포 업태의 증가라고 할 수 있다. 무점포 업태란 점포 없이 소비자에게 상품을 판매하는 소비 형태로 고객과의 의사소통방법에 따라 TV로 제공되는 상품에 대한 정보를 보고, 전화나 모바일로 상품을 주문하는 홈쇼핑의 형태, 인터넷 쇼핑몰, 판매원과 소비자 간의 직접 대면을 통해 제품 및 서비스를 판매하는 방문판매직접판매 등이 있다. 현대인의 사회구조상 시간이 부족한 맞벌이 가정과 싱글족, 어린아이들이 있어서 외출이 쉽지 않은 가정주부, 도서지방에 거주하는 주민 등 매장에 직접 방문하지 못하는 사람들에게 인기 있는 쇼핑방법이다. 그러나 상품을 직접 보거나 만져볼 수 없으며, 상품이 마음에 들지 않을 때는 구매업체에 다시 보내야 하는 번거로움이라는 단점이 있다. 그럼에도 불구하고 최근 온라인의 발달과 편리함이라는 최대 장점은 무점포업태의 빠른 성장을 가능하게 하는 원인이 되고 있다. TV 홈쇼핑의 경우 생산자와 소비자를 직접 연결합으로써 중간 유통 마진을 절감하여 저렴한 가격에 팔 수 있으며, 소비자가 편안하게 집에서 받을 수 있다는 장점이 있다. 인터넷 쇼핑은 국내 소비업태 중 선두를 달리고 있는 종합슈퍼를 단기간에 넘어설 수 있는 유통 형태로 1996년 인터파크와 롯데닷컴이 탄생하면서 국내에 처음 등장하였고 현재는 대중적인 소매업태로 자리 잡고 있다. 그 외 식품 유통에서 방문판매의 경우 한국야쿠르트가 대표적이라 볼 수 있다.

PB상품 역시 변화하는 식품 유통의 커다란 부분을 차지하고 있다. 불황이 길어짐에 따라 사회 전반적으로 소비가 위축되면서 가성비를 중요시하는 트렌드가 유통업계에 두드러지게 나타나고 있다. 이에 식품유통업계에도 식품 유통업체가 자체 브랜드인 PBPrivate Brand를 개발하여 식품유통에서 영향력을 키워 가고 있는 실정이다. 유통업체 자체 브랜드Private Brand는 도·소매업의 유통업체가 제조업자에게 하청을 주며 유통업자의 브랜드를 부착하는 방식의 상품이다. 즉, 유통업체가 독자적으로 기획하여 제조업체에 생산을 위탁하거나, 생산·판매하거나, 자체 개발한 상표를 부착하여 판매하는 상품을 의미한다. 초기에는 유통업체에서 직접 만든 자체 브랜드 상품을 의미하였으나, 최근에는 유통업체가 직접 제작한 상품 이외에 다양한 상품을 PB상품으로 분류하고 있다. PB상품은 중간마진을 없애고 동등한 품질의 상품을 저렴한 가격에 판매하면서도 적정이윤을 얻을 수 있기 때문에 유통업계에서는 이를 적용하여 다양한 식품을 개발하고 있다. 또한 PB 상품은 자금력과 마케팅 전략이 부족한 중소 식품제조업체에 큰 도움이 되고 있으며 중소기업은 유통기업과 PB 생산 계약을 통해 안정적인 수익을 보장받을 수 있고, 제품에 대한 생산력과 자사의 품질을 널리 알릴 수 있는 기회를 얻을 수 있다는 점에서도 큰 장점을 가지고 있다. 특히, 편의점은 PB 상품들이 크게 활약하고 있는 곳이라 할 수 있다. 국내 최초의 편의점인 세븐일레븐의 경우 아이스크림 판매에서 자사제품이 1위를 기록했으며, 다른 편의점도 기존 제조업자의 브랜드 제품보다 20~30% 저렴한 자사의 PB 제품들을 경쟁적으로 선보이면서, 기존에는 삼각김밥 등에 불과하던 PB 식품이 최근에는 도시락 등 다양하게 확대되고 있다.

외식업체 역시 매장에서 판매되던 인기 메뉴 상품을 패키징한 자사의 다양한 상품을 유통업계와 손잡고 편의점, 대형마트, TV 홈쇼핑 등에 내놓고 있다. 이러한 방법으로 상품을 최대한 외부에 많이 노출시켜 브랜드 인지도 제고에 많은 도움을 받을 수 있으며 식품구매 소비가 줄어든 소비자들의 관심을 되돌릴 수 있다. 또한 다양한 판매 경로를 확보할 수 있으므로 더 많은 매출을 올릴 수 있다. 대표적인 예로는 대한민국 최초의 자장면집으로 유명한 '공화춘'을 상품화한 '공화춘 자장', '공화춘 짬뽕'이다. GS 측은 2006년 공화춘의 상표권을 구매해 한국야쿠르트에 생산을 맡기고 GS 25에서만 독점 판매를 시작했는데, 높은 판매율을 기록하는 등 GS 브랜드 내 대표 상품으로 자리매김했다. 이러한 유통업체의 PB 상품이나 외식업체의 PB 상품은 보다 간편하고 저렴한 고품질 식사를 원하는 소비자들에게 인기를 얻고 있다. 또한 매장에 직접 가서 먹는 것보다는 훨씬 저렴하고 편리하며, 기존 마트, 편의점 식품보다는 질적인 차별화가 갖추어져 있다는 점이 인기를 얻고 있는 요인이라고 분석된다.

3) 전자상거래를 통한 식품유통

전자상거래Electronic Commerce, EC는 제품의 판매와 온라인 서비스, 즉 인터넷 또는 다른 통신매체의 네트워크를 통한 거래를 의미하며, 전자거래와 디지털제품, 온라인 마케팅, 온라인 주문, e-결제 등을 포함한다. 거래 주체별로 구분한 전자상거래는 다음과 같다.

(1) B2B(Business to Business) : 기업 간의 거래

이는 기업들 간의 전자상거래 유형으로, 기업 간의 업무처리를 과거 사람과의 만남이나 종이서류가 아니라 디지털 매체로 하는 제반과정을 의미한다. 즉, 기업이 전자매체를 통신망과 결합하여 소비자에게 재화나 용역을 거래하는 행위로, 특정 기업들이 공개된 네트워크를 이용하여 이루어지는 마케팅 활동이라 정의할 수 있다. 식품유통에서의 B2B는 외식업체와 단체급식업체 혹은 대형마트나 편의점 등을 운영하는 대량수요처에 식재료를 납품하는 기업 간의 거래를 예로 들 수 있다. B2B 시장의 가장 큰 장점은 불특정 다수의 고객에게 제품을 판매하는 것이 아니라 일부 한정된 특정 고객에게 대량으로 제품을 판매할 수 있기 때문에 여러 가지 비용적인 측면이나, 마케팅 비용을 측정하였을 때 B2C 시장보다 유리하다고 볼 수 있다. 농

식품부와 카카오는 업무협약을 통해 모바일 커뮤니케이션을 기반으로 쌀 등 우수 농산물과 중소기업의 농식품 등의 다양한 판로 확대를 추진하고 있으며, 한국농수산식품유통공사의 경우 국내 중소 농식품 수출 업체의 신규 상품을 중국시장에 개척하기 위하여 바이어 매칭 모바일 웹인 '한신식품韓新食品'을 개통하고 모바일을 통한 B2B 마케팅 지원사업을 강화할 예정이다. 그간 대부분의 B2B 마케팅 지원사업은 박람회 등의 오프라인 위주로 진행되어 시공간상의 제약사항이 많아 중국 바이어들과의 거래가 어려웠으나 최근 모바일 웹을 통해 사용편의성을 높이고자 노력하고 있다.

(2) B2C(Business to Customer) : 기업과 소비자 간의 거래

기업과 소비자 간의 전자상거래를 의미한다. B2C 거래는 비즈니스 조직과 개인 간의 직접적인 거래를 의미하는 것으로 현재의 고객 또는 잠재고객이 기업의 상품이나 서비스를 구매하도록 소비자에게 상품과 서비스에 대한 정보를 직접 제공한다. 원래 식품에서의 B2C는 오프라인 중심의 소매방식으로 제한적으로 활용되어 왔으나 인터넷 매체 등의 발전으로 온라인 거래가 크게 발전하고 있다. 기존 오프라인의 경우 기업이 소비자를 직접 접촉하는 일은 번거롭고 비용적으로 많은 부분이 소요되는 일이었다. 그러나 전자상거래를 이용하면서 기업은 상품, 서비스 정보 등을 소비자에게 신속하게 전달하고, 고객은 인터넷으로 손쉽게 기업에게 피드백을 제공하여 소비자와의 관계, 상품의 품질 등을 유지 혹은 증진시킬 수 있게 되었다. 소비자의 입장에서도 제품구매에 소비되는 시간과 노력을 단축할 수 있다는 점에서 전 세계적으로도 꾸준히 B2C 거래가 증가하고 있다는 것을 알 수 있다. 식품 유통에서의 B2C는 대형마트나 백화점 혹은 인터넷 쇼핑몰에서 소비자가 식품을 구매하는 것을 예로 들 수 있다.

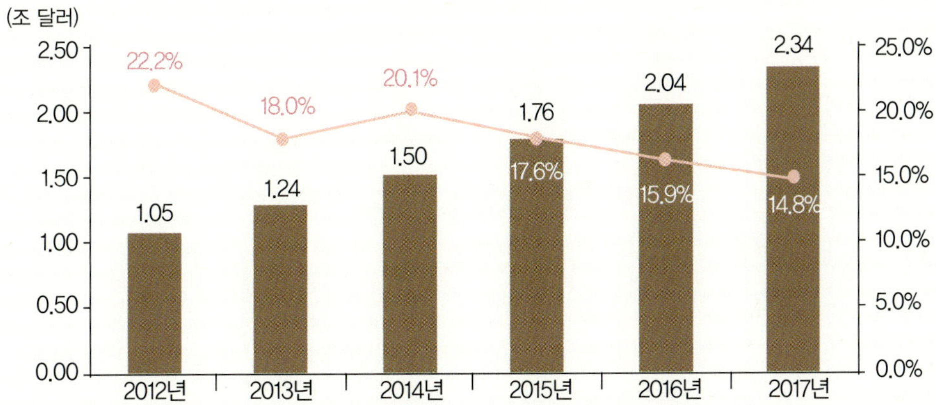

그림 11-1 세계 B2C e-Commerce 거래액 및 증감률 추이

출처 : eMarketer(2014).

표 11-1 B2B와 B2C 시장 비교

구분	B2B	B2C
대상	제품을 공급받아 생산, 판매하는 기업고객(특정 소수)	개인 또는 단체(불특정 다수)
구매 형태	구매조직 구성원 간의 이해관계를 통한 의사결정	실제 사용자 또는 관계자
고객과의 관계	목적 달성을 위한 관계 형성 필요	브랜드 충성도 등에 따른 관계
유통	• B2C에 비해 상대적으로 단순 • 공급망 관리가 명확	유통망이 복잡하고 다양함
가격	• 거래, 협상 • 원가 중심의 가격 구조로 형성	• 표준화된 가격 • 판매촉진 등에 따른 할인 가격
촉진	• 영업사원을 통한 인적 판매 • 수요창출보다는 제품에 대한 정보 제공을 통한 제안	• 광고, 홍보에 중점 • 판매촉진을 위한 일시적 할인, 이벤트 • 수요창출을 위한 판매촉진

출처 : B2B 마케팅 원리 재작성.

(3) C2C(Customer to Customer) : 소비자와 소비자 간의 거래

소비자와 소비자 간의 전자상거래로, 소비자끼리 서로 인터넷을 이용하여 일대일 거래를 하는 것을 말한다. 주로 경매나 벼룩시장 등을 이용한 중고물품이나, 자신이 만들거나 생산한 식품을 소비자에게 직접 인터넷을 통해 판매하는 활동이다.

3. 식품유통의 머천다이징 활동

현재 소비자들은 식품을 삶의 질을 향상시키는 하나의 방안으로 인식하고 있다. 따라서 과거 기본적인 욕구에서 벗어나 웰빙well-being식품이 대세를 이루고 있으며, 고급식품 및 저렴한 식품의 이원화 소비 경향도 두드러지고 있다. 이와 같은 트렌드는 식품 유통 부문에 많은 영향을 주고 있다.

머천다이징merchandising이란 고객의 욕구를 만족시키기 위해 적정한 상품을 적절한 장소에서 적정한 양과 적정한 가격으로 적정한 시기에 적정한 방법으로 제공하는 일련의 활동이다. 즉, '고객이 필요로 하는 상품 혹은 서비스 등을 구매하고, 이들을 해당 소매업체의 판매전략에 맞춰 적절한 장소, 시기, 가격, 그리고 적절한 수량으로 준비될 수 있도록 관리하는 활동'이라고 정의할 수 있다. 이러한 일을 담당하는 사람을 머천다이저merchandiser라고 한다.

유통기업에서의 머천다이징 활동은 팔릴 수 있는 상품을 결정하는 상품 계획과 상품을 구매하는 구매관리, 매입된 상품을 관리하는 상품관리 그리고 매장에 상품을 도입하는 진열기술이라고 할 수 있다. 최근에는 상품이 과잉 공급되고 있기 때문에 그 속에서 고객이 선호할 수 있는 상품을 기획하고, 적절한 수량을 매입하여 관리하는 것이 중요하다.

식품유통의 머천다이징 활동은 고객분석, 매입 계획, 매입공급업체 선정, 발주, 가격 책정, 진열 및 판매 준비, 광고 및 판촉, 재고 처리 등으로 볼 수 있다.

고객분석은 고객의 구매 동기를 파악하는 것으로 고객의 거주 지역 상권과 고객의 니즈needs 분석, 과거 동일 혹은 유사상품의 판매동향분석 등을 포함하며 매입 계획은 고객의 요구를 분석하여 어떠한 식품을 어디에서 어떠한 가격에 매입할 것인가를 계획하는 것을 의미한다. 그 다음 단계인 매입 시에는 공급업체를 선정하여 교섭을 수행하는데, 이때는 좋은 상품을 지속적으로 공급받기 위해 식품의 공급업자와 적절한 관계를 유지하는 것이 필요하다. 상품을 적정 가격으로 매입한 후 공급이 끊어지지 않도록 물량을 제때 맞춰서 발주를 한다. 가격은 크게 세 가지 방식으로 결정할 수 있다. 원가가산방식으로 원가에 마진을 붙이는 방식, 수요가 늘면 가격이 상승하고 수요가 줄면 가격이 인하되는 수여지향방식, 그리고 소매점 경쟁이 심해지면 판매가격을 인하하고, 그렇지 않으면 판매가격을 인상하는 경쟁지향방식이 있다. 진열은 소비자에게 잘 인식되는 위치로 식품을 배열하여 소비자의 구매 욕구를 불러일으키기 위한 방법이라고 할 수 있다. 따라서 진열량, 진열 형태, 진열 위치 등을 잘 고려하여 상품을 선보여야 한다. 마지막으로 상품의 판매량을 위해 광고 및 판촉을 실행하고 재고관리를 하는데, 소매점의 경우 소규모 광고를 주로 하며 보통 DMDirect Mail과 전단지, SMS 등이 있으며, 판촉의 종류에는 사은품 증정, 경품 제공, 쿠폰북, 1+1상품, 샘플 제공, 포인트 적립, 프리미엄 혜택 등을 들 수 있다. 판촉활동은 짧은 시간 안에 매출을 극대화하는 데 효과적으로, 소비자의 욕구를 자극하여 구매로 이어지게 할 수 있는 중요한 활동이라 할 수 있다. 재고관리는 재고 역시 업체의 자산이므로 적정 재고를 유지하면서 판매활동을 하는 것이 바람직하다고 할 수 있다.

이와 같이 식품유통에 관한 일련의 과정이 확장, 발달함에 따라 식품에 대한 전문적인 지식을 갖추고 있는 식품영양 관련 전공자 및 급식관리자들에 대한 관심이 더욱 높아질 것이며 이와 관련된 일자리가 꾸준히 증가할 것으로 판단된다.

CHAPTER

12

급식경영의 교육과 연구

1. 급식경영학의 학문체계 | 2. 푸드서비스 시스템 모형
3. 급식경영의 교육 | 4. 급식경영의 연구

CHAPTER 12

급식경영에 대한 교육과 연구의 과거와 현재를 이해하는 것은 급식경영 분야의 미래를 예측하고 설계하는 바탕이 된다. 이에 본 장에서는 급식경영학의 학문체계에 대해 알아본 후, 오랜 기간 급식경영의 교육과 연구의 기본 틀로서의 역할을 해온 푸드서비스 시스템 모형에 대해 설명하였다. 다음으로 급식경영의 교육과 연구가 어떻게 이루어져 왔는지를 우리나라와 미국을 중심으로 살펴보았다.

1. 급식경영학의 학문체계

급식경영학은 그 학문의 모체로서 식품영양학과 경영학에 뿌리를 두고 있다. 즉, 급식경영 분야의 이론과 실무는 식품영양학과 경영학에서 다루어지는 다양한 지식을 기반으로 한다. 그런데 식품영양학은 화학, 생물학, 물리학, 통계학 등을 기반으로 한 응용학문이며, 경영학 또한 경제학, 사회학, 심리학, 수학 등을 기반으로 한 응용학문이기에 두 분야 모두 학문적 정체성에 대해 전통적인 학문 분야로부터 적지 않은 질문을 받아왔다. 그러므로 급식경영학을 독립된 학문의 영역으로 볼 수 있는지에 대한 논의는 결코 간단하지 않다. 그럼에도 불구하고 급식경영학을 독립된 학문 분야로 인정한다면 학문의 목표와 대상은 다음과 같이 식품영양학과 경영학을 근간으로 두 학문의 목표 및 대상과 관련하여 정의할 수 있다그림 12-1.

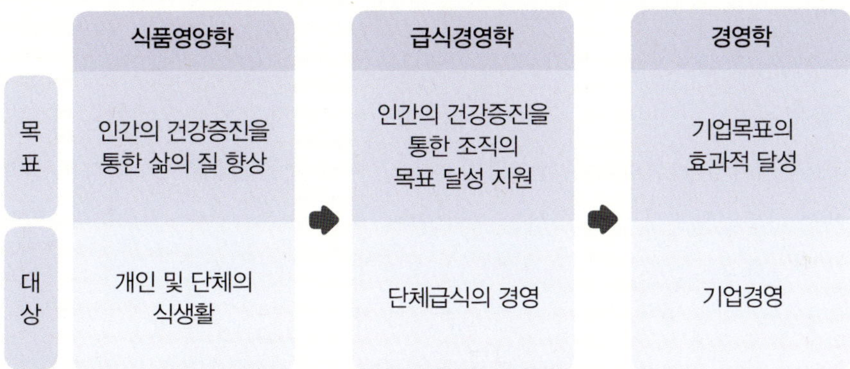

그림 12-1 급식경영학의 목표 및 대상

식생활에서 외식이 차지하는 비율이 미미했던 시대의 식품영양학은 주로 가정 내의 식생활, 즉 내식에서의 식품선택, 조리, 관리 등을 주 연구대상으로 하였다. 그러나 국민의 식생활에서 외식이 차지하는 비율이 증가함에 따라, 식품영양학의 대상도 가정 내의 식생활로부터 가정 외에서 이루어지는 식생활영역까지 점차 확장되어 왔다. 이러한 외식 분야 중 특히 급식 분야는 상업적 외식 분야와 비교하여 상대적으로 영양학적 고려가 중요함에 따라 식품영양학의 주된 관심 분야로 자리 잡게 되었다.

우리나라에서 급식에 사회적 관심이 모아지기 시작한 것은 1990년대에 학교급식이 정책적으로 확대되기 시작하면서부터이다. 대학이나 산업체, 병원, 군대 등에서는 일찍이 급식이 시행되고 있었으나 사회적 관심이 그리 큰 편은 아니었다. 식품영양학계에서도 급식이 주요 연구대상으로 떠오르기 시작한 것 또한 1990년대 학교급식의 확대와 그 시기를 같이 한다. 2003년도에 이르러 전국의 초·중·고등학교에서 급식이 제공되고, 이후 학교급식소에서의 대형 식중독 사고, 친환경 급식과 무상 급식 등이 사회의 주요 이슈로 등장하면서 급식에 대한 국민적·국가적 관심이 더욱 커졌다.

식품영양학은 그 뿌리를 가정학에서 찾을 수 있기에, 식품영양학 분야에서 급식경영의 발달은 가정학의 생활과학으로의 발달과 그 맥락을 같이한다. 즉, 가정의 기능이 산업화, 즉 사회화 및 기기화됨에 따라 가정학자들은 연구의 대상을 산업화된 다양한 가정생활의 영역으로 확대하여 가정학의 지평을 생활과학으로 넓혔다. 가정관리학은 소비자학, 공공가정경영학 등으로 분화하였고, 의류학은 패션마케팅과 같은 분야로 그 학문의 범위를 개척해 나가기 시작했다. 이와 같은 맥락에서 식품영양학 분야에서도 종전의 개인 및 가족의 식생활을 관리하는 이론을 보다 다수의 집단의 식생활을 관리하는 이론으로 응용·발전시켜 급식경영학의 탄생을 가져온 것이다.

경영학에서의 급식경영은 특수경영의 한 분야로 분화되었다. 이에 대한 논의는 2장에서 다루었으므로 본 장에서는 생략한다.

2. 푸드서비스 시스템 모형

푸드서비스 시스템 모형은 국내·외 모두에서 급식경영 분야의 교육 및 연구의 기본적인 틀로서 빈번히 이용되어 왔다. 푸드서비스 시스템 모형은 급식을 포함한 모든 외식 시스템에 적용할 수 있는 모형이다. 바덴 박사Dr. Allen Baden의 1980년 저서에서 처음 소개된 이 모형은 캔사스주립대학교의 교수였던 스피어즈 박사Dr. Marian Spears가 1985년 이 모형을 근간으로 저술한 책, 《Foodservice Organizations》을 통해 유명해졌다. 《Foodservice Organizations》은 9판까지 개정되며 급식경영 및 외식경영 분야의 기본 교재로 널리 이용되고 있다. 2000년대 들어서 급식경영 분야의 한글 교재가 출판되기 전까지는 이 교재가 우리나라에서도 대학의 급식경영과 단체

급식관리의 교재로 사용되기도 했다.

푸드서비스 시스템 모형은 시스템 이론을 푸드서비스 업장에 적용해 도식화한 것이다그림 12-2. 이 모형은 투입물, 변환, 산출물로 이루어지는 기본 시스템 모형과 이에 더해 통제, 메모리, 피드백, 환경요인을 포함하는 확장 시스템 모형으로 나누어 이해될 수 있다. 이 모형에 있는 화살표는 푸드서비스 시스템 안에서의 재료, 에너지, 정보 등의 이동을 나타낸다. 모형을 둘러싸고 있는 화살표들 사이의 간격은 푸드서비스 시스템의 경계 침투성을 보여 주며, 효율적인 시스템이 되기 위한 필수 요소인 환경과의 상호작용을 나타낸다. 양방향 화살표는 시스템 내외로의 환경의 상호작용을 표시한다.

푸드서비스 시스템에서 투입물input은 산출물로 변환되는 인적·물리적 자원이다. 전통적으로 이러한 자원으로는 사람, 재료, 돈, 시간을 들 수 있다. 이러한 전통적인 정

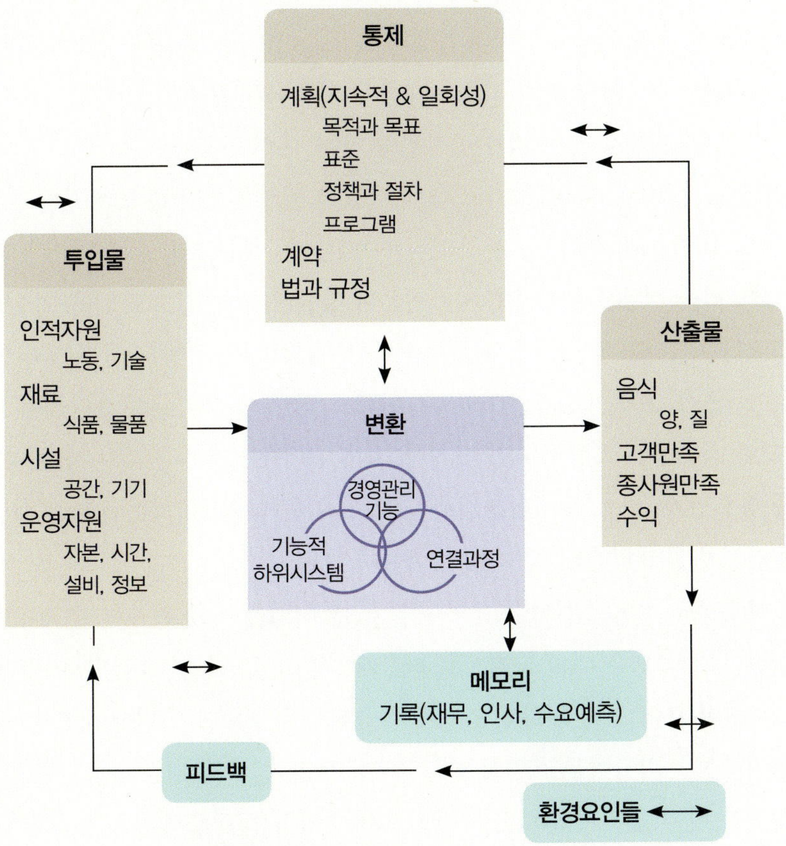

그림 12-2 푸드서비스 시스템 모형

의를 확대하면 투입물은 인적자원, 재료, 시설, 운영자원으로 유형화할 수 있다.

푸드서비스 시스템에서 변환transformation은 투입물을 산출물로 바꾸는 모든 과정 및 활동으로, 푸드서비스 운영의 기능적 하위시스템, 경영관리 기능, 연결과정을 포함한다. 이 세 부분은 상호 연관되어 있으며 상승효과를 발휘해 시스템의 산출물을 생산한다. 기능적 하위시스템에는 구매, 생산, 배식과 서비스, 위생과 유지보수가 포함된다. 변환의 필수불가결한 구성요소인 경영관리기능은 관리자가 시스템의 목표 달성과정에서 하위시스템을 조정하면서 수행한다. 의사결정, 소통, 균형 유지의 연결과정은 투입에서 산출로의 변환과정에서 시스템의 특성을 조정하기 위해 필요하다.

산출물output은 시스템에서 투입물을 변환하여 얻는 제품과 서비스이며, 목표가 얼마나 달성되었는지를 보여 준다. 푸드서비스 시스템의 주요 산출물은 적정 양과 품질의 식사이다. 또한 고객과 종업원의 만족, 수익도 바람직한 산출물이다.

통제control는 푸드서비스 조직의 목적과 목표, 표준, 정책, 절차 및 프로그램을 포함한다. 메뉴는 푸드서비스 시스템의 가장 중요한 내부 통제요소로 식재료비와 인건비, 필요한 기기의 유형, 고객과 종사원의 만족, 이익을 통제한다.

메모리memory는 푸드서비스 시스템에 필요한 정보를 저장하고 갱신한다. 재고, 재무, 예측, 개인 기록, 메뉴 등은 관리자가 보관해야 하는 기록들에 속한다. 기록을 검토함으로써 트렌드를 분석하고 시스템을 수정할 수 있는 정보도 얻을 수 있다.

환경요인environmental factor으로는 기술혁신, 글로벌화, 경쟁, 인구통계학적인 변화, 정부의 규제, 고객의 요구, 기타 푸드서비스 업장 외부의 다른 요인들이 포함된다. 이러한 요인들은 푸드서비스 조직이 고객, 종사원, 정부 관계자, 판매자, 농업인, 식품유통업자, 운송업자, 위생검사관 및 조직에 영향을 미치는 수많은 사람들과 어떻게 관계하고 상호작용하는지에 관여한다.

피드백feedback은 시스템의 효과성 유지와 평가 및 통제를 위하여 필수적인 정보를 제공한다. 시스템은 내외 환경으로부터 끊임없이 정보를 수용하며, 이러한 정보는 필요에 따라 시스템이 변화된 조건에 적응하도록 도와주기 위해 사용된다. 시스템을 유지하려면 피드백을 효과적으로 활용해야 한다. 고객 의견, 잔반, 후원, 손익, 직원 성과와 사기 등은 푸드서비스 관리자가 주기적으로 평가하고 활용해야 할 대표적인 피드백의 예이다.

3. 급식경영의 교육

대학의 식품영양학 전공의 교과과정에서 급식경영학이 중요한 과목의 하나로 자리 잡은 것은 오래 전부터이다. 최근에는 식품영양학 전공자의 진출 분야가 영양사로 한정되어 있는 것은 아니지만, 영양사 국가시험 응시자격을 위하여 이수해야 할 교과목 중에도 급식 분야 교과목이 포함되어 있고, 영양사 면허시험에도 급식 분야가 포함되어 있어, 우리나라 대학의 식품영양학 전공 교과과정에서 급식경영학은 중요한 교과목의 하나로 자리 잡아 왔다.

현재 우리나라 대학의 식품영양학 전공 교과과정을 살펴보면, 급식과 관련된 과목으로는 주로 '단체급식관리'와 '급식경영학'이 개설되어 있다. 영양사 국가시험 응시자격을 얻기 위해 반드시 이수해야 하는 18과목 52학점 중에는 '급식 및 위생영역'의 과목으로 '단체급식관리'와 '급식경영학'이 포함되어 있다표 12-1.

단체급식관리 교과에서는 생산 및 운영관리의 내용을 다루고, 급식경영학 교과에서는 인적자원관리나 마케팅관리 등을 다루고 있다. 이렇게 교과내용이 정립된 이유는 불분명하나 아마도 급식소 현장의 '운영'에 직접적으로 관련되어 일반적으로 급식소 영양사의 직무로 명시되고 있는 사항식품위생법 제52조 제2항. 집단급식소에 근무하는 영양사는 다음 각 호의 직무를 수행한다. 1. 집단급식소에서의 식단 작성, 검식(檢食) 및 배식관리, 2. 구매식품의 검수(檢受) 및 관리, 3. 급식시설의 위생적 관리, 4. 집단급식소의 운영일지 작성, 5. 종업원에 대한 영양 지도 및 식품위생교육은 단체급식 과목에서, 경영의 상위기능에 해당하는 '관리'에 관한 것은 급식경영 과목에서 다루어지고 있는 것으로 보인다.

영양사 면허를 위한 국가고시의 2교시에는 '식품학 및 조리원리' 분야의 40문제와 함께 '급식, 위생 및 관계 법규' 분야의 60문제를 85분간 풀도록 되어 있다1교시에는 '영양학 및 생화학' 분야와 '영양교육, 식사요법 및 생리학' 분야의 각 60문제, 총 120문제를 100분에 풀도록 되어 있음. 급식 분야에 해당하는 문제는 대학 교과과정의 급식경영학과 단체급식관리에서 다루는 내용으로부터 출제되고 있다.

미국이나 일본과 같은 나라에서도 영양사 양성을 위한 주요 교과과정으로 급식 관련 과목이 필수적으로 포함되어 있고, 영양사 자격시험에도 급식 관련 과목의 비중이 높은 편이다. 예를 들어, 미국의 경우, 영양사 자격시험문제 중 푸드서비스 시

표 12-1 영양사 면허시험 응시 자격 충족을 위한 교과목

구분	법정과목명	유사인정과목명	최소이수	
			과목	학점
계	23	※ 전공과목(필수 또는 선택)으로 이수	18	52
기초	생리학	인체생리학, 영양생리학	2	6
	생화학	영양생화학		
	공중보건학	환경위생학, 보건학		
영양	기초영양학	영양학, 영양과 현대사회, 영양과 건강, 인체영양학, 현대인의 영양과 건강	6	19
	고급 영양학	영양화학, 고급인체영양학, 영양소 대사		
	생애주기영양학	특수영양학, 생활주기영양학, 가족영양학, 영양과 (성장)발달		
	식사요법	식이요법, 질병과 식사요법		
	영양교육	영양상담, 영양교육 및 상담, 영양정보관리 및 상담, 영양교육과 상담		
	임상영양학	영양병리학		
	지역사회영양학	보건영양학, 지역사회영양 및 정책		
	영양판정	영양(상태)평가		
식품 및 조리	식품학	식품과 현대사회, 식품재료학	5	14
	식품화학	고급식품학, 식품(영양)분석		
	식품미생물학	발효식품학, 발효(미생물)학		
	식품가공 및 저장학	식품가공학, 식품저장학, 식품제조 및 관리, 식품가공저장학, 식품저장(및) 가공학, 가공식품학		
	조리원리	한국음식연구, 외국음식연구, 한국조리, 서양조리		
	실험조리	조리과학, 실험조리 및 관능검사, 실험조리 및 식품평가, 실험조리 및 식품개발, 실험조리 및 관능평가		
급식 및 위생	단체급식관리	급식관리, 다량조리, 외식산업과 다량조리	4	11
	급식경영학	급식경영 및 인사관리, 급식경영 및 회계, 급식경영 및 마케팅 전략, 급식경영의 이해, 경영급식학		
	식생활관리	식생활계획, 식생활(과)문화, 식문화사, 문화와 식생활		
	식품위생학	식품위생 및 (관계) 법규		
	식품위생관계법규	식품위생법규, 식품위생관계 및 법규		
실습	영양사현장실습	영양사실무, 현장실습, 영양사실습, 영양사 현장실무	1	2

스템메뉴 계획, 구매 · 생산 · 배식 · 서비스, 위생 및 안전, 시설 계획에 관한 문제가 17%, 경영관리인적자원관리, 원가 및 재무관리, 마케팅관리, 품질 개선 등에 관한 문제가 21%를 차지하고 있어 급식 관련 문제가 전체 시험문제의 1/3 이상을 차지하고 있다.

그러나 미국의 경우, 영양사 양성을 교과과정의 일부로서뿐 아니라 이미 1950년대부터 institution management라는 독립된 전공으로서 급식경영교육이 이루어져 왔다. 현재는 이러한 급식경영 전공이 외식경영restaurant management이나 호스피탈리티경영hospitality management 등의 일부로 병합되어 학과나 전공 이름에서는 드러나지 않는 경향이 있다. Institution management 전공은 식품영양학과가 속해 있는 생활과학대학과거의 가정대학의 전공으로 시작되었다가 이후 외식경영이나 호텔경영hotel management까지 확장된 경우가 많다. 비교적 역사가 짧은 프로그램의 경우 대부분 호텔경영대학이나 경영대학의 일부로 개설되어 있는 경향이 있다. 급식경영을 포함한 외식경영이나 호스피탈리티경영 관련 전공을 개설하고 있는 미국 내 주요 대학은 표 12-2와 같다.

표 12-2 급식경영 관련 전공을 개설하고 있는 미국 주요 대학

유형	대학/단과대	소단과대 또는 과/전공
생활과학대학 소속	Iowa State University/College of Human Sciences	Department of Apparel, Events, and Hospitality Management/Hospitality Management
	Kansas State University/College of Human Ecology	Department of Hospitality Management
	Purdue University/College of Health and Human Science	Department of Hospitality and Tourism Management
경영대학 또는 호텔경영대학 소속	Cornell University/Cornell SC Johnson College of Business	School of Hotel Administration/Hotel Administration
	University of Nevada, Las Vegas/William F. Harrah College of Hospitality	Department of Hospitality Management/Concentration in Restaurant Management
	Virginia Polytechnic Institute and State University/Pamplin College of Business	The Feiertag Department of Hospitality and Tourism Management

4. 급식경영의 연구

우리나라 급식경영 분야의 연구는 1980년대부터 연세대학교의 교수 및 연구자를 중심으로 본격화되기 시작된 것으로 보인다. 이후 2000년대에 들어서 학교급식을 비롯한 급식에 대한 사회적 관심이 증가하고, 다수의 대학에서 식품영양학과의 교수로 급식경영 전공자를 채용함에 따라 급식경영 분야의 연구가 양적 · 질적으로 성장하기 시작하였다. 또한 영양교사제도의 도입과 함께 설립된 영양교육대학원에서 2000년대 이후 다수의 석사학위자들이 배출되었고, 이들 중 다수가 학위 논문의 주제로 학교 급식을 선택함에 따라 영양교육뿐 아니라 급식경영 분야의 연구도 한층 활발해졌다. 이러한 급식경영 분야의 연구 성과는 대한영양사협회지, 대한지역사회영양학회지, 한국식생활문화학회지 등의 학술지를 통해 발표되어 왔다.

미국의 경우, 이미 1920년대부터 급식경영 분야의 연구가 시작된 것으로 보인다. 이러한 연구는 초창기에 주로 Journal of the Academy of Nutrition and Dietetic구 Journal of the American Dietetic Association을 통해 발표되었다. 1970년대 이후 학교 급식과 관련한 연구가 활발해지면서 창간된 The Journal of Child Nutrition and Managemen구 School Food Service Research Review는 이후 학교를 배경으로 한 급식경영 연구의 주요 학술지였다. Journal of Foodservice구 Foodserivce Research International, The Journal of Foodservice Management and Education 등도 급식경영 분야 연구의 주된 발표지로 이용되어 왔다. 급식경영 분야의 연구가 Journal of Foodservice Business Research, International Journal of Contemporary Hospitality Management, Journal of Hospitality and Tourism Research와 같은 학술지에도 발표되기도 하나 외식경영이나 호텔경영, 관광경영 분야의 논문에 비하여 그 수는 소수이다.

급식경영 분야의 연구는 주로 급식소의 마케팅관리나 인적자원관리와 관련한 주제를 다룬다. 급식소의 생산 및 운영관리에 해당하는 주제인 식단, 구매, 원가, 위생 및 안전 등과 관련한 연구는 넓은 의미에서는 급식경영의 연구 주제로 볼 수 있으나, 좀 더 세밀히 분류하면 단체급식관리 분야의 연구이다. 본 교재의 내용을 읽으면서도 느꼈겠지만 아직 급식경영 분야의 마케팅관리나 인적자원관리에 대한 독자적인 이론은 매우 부족한 상황이다. 향후 급식경영학이 학문적 정체성을 확보하기 위해서는 더욱 활발한 연구를 통해 일반적인 경영학 분야와 구분되는 특수경영학 분야로서의 이론을 정립해 나가야 할 것이다.

참 고 문 헌

국내문헌

고종식 · 정수진(2011). **인사관리**. 삼우사.

곽동경 · 류은순 · 이혜상 · 홍완수 · 장혜자 · 최정화 · 이나영(2014). **급식경영학**(제4판). 신광출판사.

곽동경 · 류은순 · 이혜상 · 홍완수 · 장혜자 · 최정화 · 이나영(2016). **급식경영학**. 신광출판사.

국가통계포털(2017). 국내통계.

국회법률정보시스템(2017). 식품위생법, 영유아보육법, 유아교육법, 외식산업진흥법, 학교급식법.

권순일(2005). **경영학 입문**. 세종출판사.

김난도 · 전미영 · 이향은 · 이준영 · 김서영 · 최지혜(2017). **트렌드 코리아 2017**. 미래의 창.

김종재 · 이한재 · 박춘호 · 이경근(2006). **경영의 이해**. 박영사.

머니S(2016. 11. 22). aT, 대중국 B2B 모바일웹 '한신식품(韓新食品)' 개통. http://mnb.moneys.news/mnbview.php?no=2016111709268098536

모수미(1986). 외식산업의 발달이 국민영양 및 식생활에 미치는 영향. **한국영양학회지, 19**(2) : 120-128.

박민생(2006). **지식정보시대의 경영학 원론**. 형설출판사.

박연우 · 허철무 · 김차영(2011). **식품유통의 전략 포인트**. INCOM.

백승훈(2006). 유통환경의 변화에 따른 식품제조기업의 유통전략에 관한 사례 연구-대형마트와의 갈등해소 방안을 중심으로-. 중앙대학교 대학원 석사학위논문.

서용구 · 이정희(2012). **100일만에 배우는 유통관리**. 서울경제경영.

송근석(2015). 국내 식자재 유통기업의 경영효율성 분석 : Meta-frontier SBM 모형을 적용하여. 인하대학교 대학원 석사학위논문.

식품의약품안전처(2017). 식품의약품 통계연보.

신유근(2002). **사회중시경영**. 경문사.

안광호 · 하영원 · 박흥수(2014). **마케팅원론**. 학현사.

양일선 · 이보숙 · 차진아 · 한경수 · 채인숙 · 이진미(2016). **단체급식**(제3판). 교문사.

양일선 · 차진아 · 신서영 · 박문경(2013). **급식경영학**(제3판). 교문사.

양일선 · 차진아 · 신서영 · 박문경(2015). **급식경영학**. 교문사.

우영문(2011). 대형유통업체 농산물 거래방식의 특성분석–산지 직구입 중심으로–. 고려대학교 대학원 석사학위논문.

유필화 · 한상만 · 김용준(2012). **현대마케팅론**. 박영사.

윤명길 · 김유오(2010). **유통학원론**. 도서출판 두남.

윤종건(1999). **21세기 학교조직경영론**. 원미사.

윤지현(2003). 단체급식교육의 발전방향과 실천과제. 서울대학교 생활과학연구소 학술발표회 자료집 : 1–6.

윤지현(2004). 다윈, 식품영양학을 말하다. 한국생활과학회 동계학술대회 자료집 : 13–19.

윤지현(2017). 학교급식 발전과정 조사. 한국교육개발원.

윤지현 · 권수연 · 김옥선 · 류시현 · 이영미 · 한규상 · 김미영 · 이기원(2016). **단체급식관리**. 파워북.

이데일리(2018. 1. 6). 농식품부 · aT, 영유아용 국수 첫 중국 수출 기념식. http://www.edaily.co.kr/news/news_detail.asp?newsId=01344806619075424&mediaCodeNo=257&OutLnkChk=Y.

이미영(2016). **유통경영의 이해**. 도서출판 두남.

이유재(2013). **서비스 마케팅**(제5판). 학현사.

이정실(2007). **외식기업경영론**. 대왕사.

이정학 · 서진우(2005). **외식사업경영실무론**. 대왕사.

이학식 · 안광호 · 하영원(2015). **소비자행동**. 집현재.

이화연(2016). 외식업체의 브랜드 신뢰가 PB(Private Brand) 상품의 품질지각 및 구매의도에 미치는 영향. 세종대학교 대학원 석사학위논문.

장상식(2016). 우리나라 B2C 수출기업의 특성과 수출성과에 관한 연구. 건국대학교 대학원 박사학위논문.

전길희(2001). **신고 급식경영학**. 신광출판사.

전동균 · 오은주 · 신용필 · 오현주(2011). **B2B 마케팅 원리**. 학현사.

정종태(2013). **인사관리 : 기본과 실제**. 시그마프레스.

조동성(2007). **21세기를 위한 경영학**(개정판). 서울경제경영.

최중락(2015). **인사관리개론**(제5판). 상경사.

쿠키뉴스(2017. 1. 7). 산량 감소에 美 · 中 무역마찰까지… '악재 줄 선 식용유 대란'. http://www.kukinews.com/news/article.html?no=422434

한국보건의료인국가시험원(2017). 영양사 시험안내. http://www.kuksiwon.or.kr/Examination/OccuLicenseMain.aspx?JobCode=07

한국소비자원(2011). 대형마트 PB상품 가격 · 표시 실태 및 소비자 인식 조사.

한국소비자원(2014). 대형마트 PB제품 비교조사.

한국외식정보(주)(2015). 2015 한국외식연감.

한국외식정보(주)(2017). 2017 한국외식연감.

한인수(2014). **현대 인적자원관리**(제3판). 명경사.

국외문헌

Albanese R(1975). Management Toward Accountability for Performance. Richard D. Irwin.

Alicia(2017). http://www.alicia.cat/en.

American Dietetic Association(1995). The Competitive Edge: Advanced Marketing for Dietetic Professionals.

American Dietetic Association Task Force on Restaurant Nutrition Labeling Research(2012). Task force report on restaurant nutrition labeling research. Iowan Academy of Nutrition and Dietetics website. http://www.eatrightiowa.org/RLR_Task_Force_Report_FINAL.pdf.

Aronson D(2012). Exciting restaurant opportunities. *Today's Dietitia, 14*(7) : 22.

Bass BM(1985). *Leadership and Performance Beyond Expectations*. Free Press.

Bass BM(1990). From transactional to transformational leadership: Learning to share the vision, Organizational Dynamics, Winter: p. 23.

Blake RR & Mouton JS(1962). The managerial grid. *Advanced Management Office Executive, 1*(9).

Bowen DE & Lawler EE(1992). The empowerment of service workers: what, why, how, and when. *Sloan Management Review, 33*(3) : 31–39.

Burton S, Creyer EH, Kees J, & Huggins K(2006). Attacking the obesity epidemic: the potential health benefits of providing nutrition information in restaurants. *American Journal of Public Health, 96*(9) : 1669–1675.

Dorothy P & Julie AB(2014). School Food and Nutrition Service Management for the 21st Century [6th ed.]. SFS21.

Drummond KE(1991). *Retaining Your Foodservice Employees*. Van Nostrand Reinhold.

Greenleaf RK(1977). *Servant Leadership*. Paulist Press.

Gregoire MB(2016). *Foodservice Organizations: A Managerial and Systems Approach*(9th ed.). Pearson Prentice Hall.

Hackman JR & Oldham GR(1975). Development of the job diagnostic survey. *Journal of Applied Psychology, 60* : 159–170.

Hudson NR(2000). *Management Practice in Dietetics*. Wadsworth.

Jackson R(1997). Nutrition and Foodservice for Integrated Health Care. Aspen publishers, Inc.

Kelly RE(1992). The Power of Followership: How to Create Leaders People Want to Follow, Follower and Lead Themselves. Doubleday Dell.

Knight JB & Kotschevar LH(2000). *Quantity Food Production, Planning, and Management*(3rd ed.). John Wiley & Sons, Inc.

Koontz HD & O'Donnell C(1980). *Management: A System and Contingency Analysis of Managerial Functions*(7th ed.). McGraw–Hill.

Kotler P & Armstrong G(2015). *Principles of Marketing*(16th ed.). Pearson Prentice Hall.

Kotler P & Bowen J(2016). *Marketing for Hospitality and Tourism*(7th ed.). Pearson Prentice Hall.

Kotler P & Keller KL(2015). *Marketing Management*(15th ed.). Pearson Prentice Hall.

Kotler P(1998). Marketing Management: Analysis, Planning, *Implementation, and Control*(9th ed.). Prentice Hall College Div.

Kuo T, Jarosz CJ, Simon P, & Fielding JE(2009). Menu labeling as a potential strategy for combating the obesity epidemic: a health impact assessment. *American Journal of Public Health, 99*(9) : 1680–1686.

Lester RI (1981). Leadership: some principles and concepts. *Personnel Journal, 60*(11) : 868–870.

Mazzone & Assoiciates, Inc.(2015). 2014 Restaurant Industry Report.

Miller JE & Pavesic DV(1996). *Menu Pricing and Strategy*(4th ed.). New York, NY: Van

Nostrand Reinhold.

National Food Service Management Institute(2000). Elementary School Meal Survey.

National Restaurant Association(2010). Restaurant Industry Operations Report.

National Restaurant Association(2012) Restaurant Industry Pocket Factbook. http://www.restaurant.org/pdfs/research/PocketFactbook_2012.pdf.

National Restaurant Association(2012). Chef survey: what's hot in 2012. http://www.restaurant.org/pressroom/social-media-releases/images/whatshot2012/What%27s_Hot_2012.pdf.

National Restaurant Association(2014). 2014 Restaurant Industry Forecast.

NextDaily(2016. 12. 22). 닐슨, 글로벌 프리미엄 트렌드 보고서 발간. http://www.nextdaily.co.kr/news/article.html?id=20161221800074.

Oliver RL(1981). Measurement and Evaluation of Satisfaction Process in Retail Settings. *Journal of Retailing, 57*(3) : 25-48.

Payne-Palacio J & Theis M(2015). *Foodservice Management: Principles and Practices* (13th ed.). Pearson Prentice Hall.

Puckette RP(1994). *Food Service Manual for Health Care Institutions*(3rd ed.). Jossey-Bass.

Reynolds DE(2003). On-site Foodservice Management: A best Practices Approach. John Wiley & Sons In.

Sneed J & Gregorie M(2003). *Researh in foodservice management, In Reserach Successful Approaches*(2nd ed.). American Dietetic Association.

Spears LC(1995). *Insight on Leadership: Service, Stewardship, spirit, and servant leadership*. John Wiley & Sons, Inc.

Stogdill RM(1974). *Handbook of Leadership*. Free Press.

Tannenbaum R, Weschler IR, & Massarik F(1961). *Leadership and Organization: a Behavioral Science Approach*. McGraw-Hill.

Texas education agency(2002). *Marketing for School Foodservice Managers*(16-Hour Training).

Tjosvold D(1986). *Working Together to Get Things Done*. Lexington

US Census Bureau(2012). North American Industry Classification System. http://www.

census.gov/cgi-bin/sssd/naics/naicsrch

US Food and Drug Administration (2011). New menu and vending machines labeling requirements. http://www.fda.gov/menulabeling.

Zeithaml V & Bitner MJ(2006). *Service Marketing*(6th ed.). McGraw Hill Education.

찾 아 보 기

저 자 소 개

윤지현

서울대학교 식품영양학과 및 경영학과 학사
미국 아이오와주립대학교 호텔외식급식관광경영학과 석사
미국 퍼듀대학교 호스피탈리티관광경영학과 박사
현재 서울대학교 식품영양학과 교수

주나미

숙명여자대학교 식품영양학과 학사 및 석사
숙명여자대학교 식품영양학전공 박사
미국 노스텍사스대학교 박사 후 연수
현재 숙명여자대학교 식품영양학과 교수

윤지영

숙명여자대학교 식품영양학과 학사 및 석사
미국 오리건주립대학교 외식급식경영전공 박사
현재 숙명여자대학교 문화관광외식학부 교수

류시현

성신여자대학교 가정관리학과 학사
성신여자대학교 식품영양학과 급식관리전공 석사 및 박사
미국 캔자스주립대학교 박사 후 연수
현재 배재대학교 외식조리학과 교수

배현주

숙명여자대학교 식품영양학과 학사 및 석사
숙명여자대학교 식품영양학전공 박사
미국 뉴올리언스대학교 객원교수
현재 대구대학교 식품영양학과 교수

급식경영 제3판

2007년 3월 5일 초판 발행
2012년 1월 15일 개정판 발행
2018년 3월 20일 제3판 발행
2022년 9월 5일 제3판 2쇄 발행

지은이 | 윤지현 · 주나미 · 윤지영 · 류시현 · 배현주
발행인 | 유제구
발행처 | 파워북
주 소 | 경기도 고양시 일산동구 호수로 358-25
동문타워2차 529호
전 화 | (02) 730-1412
F A X | (031) 908-1410
등 록 | 1997. 1. 31 제2014-000067호
편 집 | 북스북스(hynho3196@nate.com)

정가 22,000원
ISBN 978-89-8160-360-1 (93590)